AF568879

Renate und Jörg Ehlenbröker | Eckhard Lietzow

Agaporniden und Sperlingspapageien

101 Farbfotos
6 Zeichnungen
14 Verbreitungskarten

Inhalt

Agaporniden und Sperlingspapageien halten

Agaporniden im Porträt

Sperlingspapageien im Porträt

Farbspielarten bei Agaporniden und Sperlingspapageien

Service

Vorwort

Agaporniden und Sperlingspapageien, die Vogelzwerge der Kontinente Afrika und Südamerika sind seit vielen Jahrzehnten in der Vogelhaltung und -zucht bekannt und beliebt und werden regelmäßig in beachtlicher Zahl nachgezogen. Trotzdem verbergen sich hinter diesen beiden Gattungen auch fast völlig unbekannte und bisher nicht oder nur vereinzelt eingeführte Arten wie das Grünköpfchen (*Agapornis swindernianus*) und der Schwarzschnabel-Sperlingspapagei (*Forpus sclateri*). Es gibt eine Reihe von Gemeinsamkeiten in der Haltung, Ernährung und Zucht dieser beiden Papageiengattungen, aber natürlich auch Unterschiede in den Ansprüchen und bei der Brutbiologie. Agaporniden und Sperlingspapageien gemeinsam in einem Buch vorzustellen, das sich nur mit diesen beiden Gattungen beschäftigt, ist ein völlig neuer Ansatz und bisher in der deutschsprachigen Literatur so nicht zu finden. Der Ulmer-Verlag hat ihn trotzdem gewagt.

Mit insgesamt 16 Arten, von denen einige weitere Unterarten bilden, ist die Anzahl der wildfarbigen Formen zwar überschaubar, bedingt durch die Mutationsfreudigkeit einzelner Arten aber weitet sich das Thema sehr stark aus. Da es nicht die Intention dieses Buches ist, ein Genetiklexikon mit einer Aufzählung und detaillierten Beschreibung der überaus zahlreichen Mutationen zu sein und um den Rahmen dieses Buches nicht zu sprengen, war eine gewisse Beschränkung notwendig. Der Schwerpunkt dieses Buches liegt eindeutig auf den wildfarbigen Arten. Zielsetzung dabei war es, zahlreiche eigene Erfahrungen und Beobachtungen aus langjähriger Praxis und dem Lebensraum der Vögel mit bereits vorliegenden Informationen zu bündeln und einen möglichst umfassenden Einblick in die faszinierende Welt dieser liebenswerten Papageienvögel zu geben.

Die Zucht und die Erhaltung reiner Unterarten, so weit dies bei einzelnen Arten überhaupt noch möglich ist, gewinnen in heutiger Zeit vor dem Hintergrund des geltenden Importverbotes immer mehr an Bedeutung. Die gesammelten Erfahrungen vieler engagierter Liebhaber und Züchter mögen dabei hilfreich sein, können es aber nur, wenn sie auch veröffentlicht und zugänglich gemacht werden.

Bewahren und erhalten Sie sich die Freude am Umgang mit den Agaporniden und Sperlingspapageien – oder erliegen Sie der Faszination dieser Vögel, so wie wir es seit vielen Jahren immer wieder aufs Neue tun.

Renate und Jörg Ehlenbröker / Eckhard Lietzow
Bad Oeynhausen / Enger

Außenvolieren können gestalterisch gut in die Gartenanlage integriert werden.

Agaporniden und Sperlingspapageien halten

Mit weniger als 17 cm Körpergröße zählen Agaporniden und Sperlingspapageien zu den kleinsten Papageienarten überhaupt. Daher ist es auch für Liebhaber mit beschränktem Platzangebot möglich, diese farbenfrohen und lebhaften Vögel zu pflegen.

Die richtige Unterbringung

Ein geringeres Platzangebot soll keinesfalls heißen, dass diese Vögel in die leider immer noch handelsüblichen kleinen Wellensittich-Käfige gesperrt werden können. Ein größerer Käfig der angesprochenen Bauart ist bestenfalls für ein einziges Paar geeignet, das dann außerdem regelmäßig Freiflug in der Wohnung erhält.

Dieser so oft empfohlene Freiflug gestaltet sich jedoch oft nicht unproblematisch. Er sollte den Vögeln generell nur dann gestattet werden, wenn sie unter Aufsicht sind. Und ohne Gardinen bedeckte Fensterflächen, Spiegelschränke, giftige Pflanzenteile oder Herdplatten, um nur einige Gefahrenquellen zu nennen, denn all dies kann zu schweren Verletzungen führen. Sind Gardinen vorhanden, stellen die Bleischnüre eine Gefahr dar, wenn die Vögel damit spielen und daran nagen, abgesehen davon, dass sie mit ihren Füßen im Gewebe hängen bleiben können. Nicht jedermanns Geschmack sind auch angeknabberte Tapeten oder Möbelecken.

Zimmervoliere

Eine bessere Möglichkeit, die Vögel im Wohnbereich unterzubringen, sind Zimmervolieren. Hierbei handelt es sich im Prinzip auch um Käfige, jedoch haben diese deutlich größeren **Abmessungen**. Oft sind sie mit Rollen ausgestattet, die ein Verschieben in der Wohnung ermöglichen. Vorzuziehen sind hierbei Konstruktionen, bei denen der Volierenboden etwa in **Tischhöhe** liegt. Die Vögel fühlen sich darin wesentlich sicherer und der Vorteil,

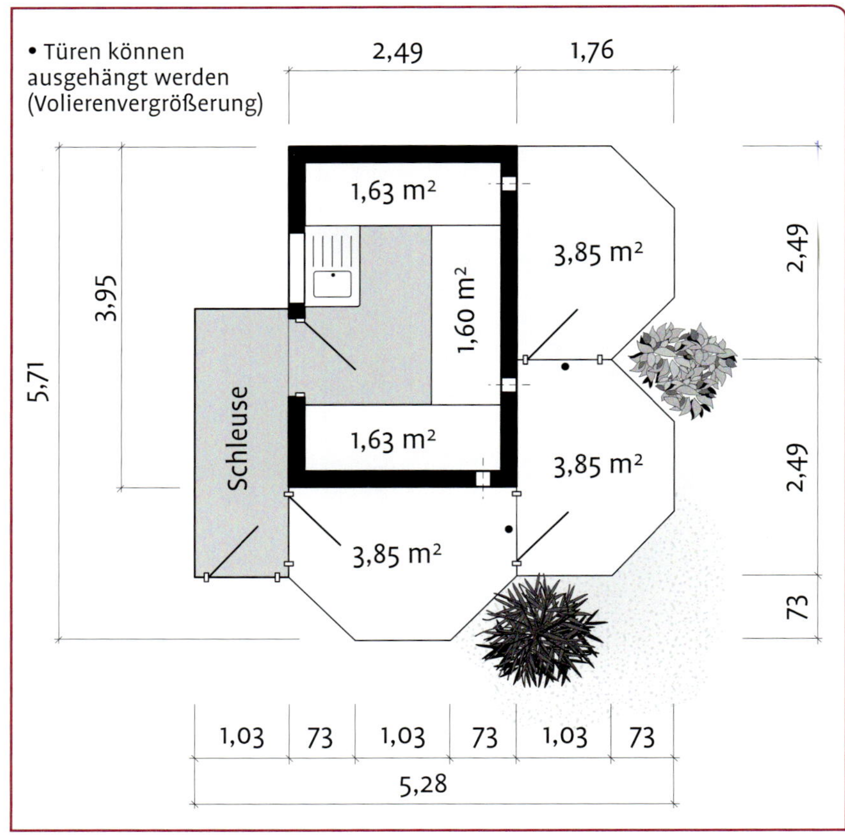

Plan einer Kleinvoliere mit Schutzraum. Eine angebaute Schleuse verhindert ein Entfliegen der Vögel bei geöffneter Volierentür.

Zimmervolieren sind für die Unterbringung von Unzertrennlichen gut geeignet.

darunter Gegenstände des täglichen Bedarfs für die Vogelpflege unterbringen zu können, liegt auf der Hand. Sollte die Verdrahtung nicht aus quadratisch oder rechteckig angeordneten Maschen bestehen, ist auf eine **waagerechte** Anordnung der **Gitterstäbe** zu achten, sie ermöglicht den Vögeln besseres Klettern als senkrechte.

Einrichtung

Die räumliche Größe einer Zimmervoliere lässt auch eine bessere **Innenausstattung** zu als es bei einem kleinen Käfig der Fall ist. Glatte Buchenholz-Sitzstangen sind zwar für den Pfleger bequem, doch die Vögel ziehen **natürliche Äste** vor. Hier können sie wesentlich aktiver klettern und die unterschiedlichen Durchmesser der Zweige beim Greifen mit den Füßen nutzen – es gibt in der Natur keine Zweige mit genormtem Durchmesser von 12 mm! **Seile** und **Schaukeln** werden gern genutzt und starren Sitzgelegenheiten vorgezogen. Details zu Form und Anordnung von **Futterbehältnissen** in der Voliere werden im Kapitel Ernährung ab Seite 12, zu den individuellen Ansprüchen an Nistkästen bei den Artenporträts beschrieben.

Vogelzimmer

Das im vorigen Jahrhundert so beliebte Vogelzimmer, in dem die Vögel frei herumfliegen können, ist etwas in Vergessenheit geraten. Es eignet sich für Agaporniden und Sperlingspapageien auch nur bedingt.

Soll ein Vogelzimmer mit einer sozial lebenden Art besetzt werden, ist bei **Brutabsicht** darauf zu achten, dass keine allzu nahe Verwandtschaft der einzelnen Individuen miteinander besteht. Um **Hybriden** zu vermeiden, verbietet sich zum Beispiel eine Gemeinschaftshaltung von Vögeln der *Per-*

sonatus-Gruppe von vornherein. Diese Vögel würden sich bereitwillig Partner einer anderen Art suchen. Über eine **gemischte Besetzung** mit anderen exotischen Vögeln oder nur Jungvögeln der Gattungen *Agapornis* oder *Forpus* muss von Fall zu Fall entschieden werden. Diese Form der Haltung kann sehr interessant sein, bedarf jedoch der ständigen Kontrolle und sollte bei offensichtlichem **Dauerstress** der Vögel beendet werden.

Bei den meisten Vogelliebhabern, die eine gezielte Zucht anstreben, haben sich sogenannte **Zuchtboxen** durchgesetzt. Die geschlossene Bauweise, das Vogelheim ist nur vorn vergittert, bietet den Vögeln Schutz und Ruhe. Leider sind diese Boxen teilweise wirklich nur Boxen. Das Bundesministerium für Ernährung, Landwirtschaft und Forsten nahm sich dieser Problematik an und gab am 10. Januar 1995 das „Gutachten über **Mindestanforderungen** an die Haltung von Papageien" heraus. Neben allgemeinen

Mindestmaße für die Vogelunterkunft Für die Gattungen *Agapornis* und *Forpus* sollen die Mindestabmessungen der Käfige oder Volieren 1,00 × 0,50 × 0,50 m (Länge × Breite × Höhe) betragen. Diese Maße können während der Zucht auf 0,80 × 0,40 × 0,40 m reduziert werden. Alle Angaben beziehen sich auf die Besetzung mit einem Paar, für jedes weitere Paar ist die Grundfläche um 50 % zu vergrößern.

Haltungsansprüchen sind hier auch Volierengrößen verankert, die als Untergrenze angesehen werden sollten.

Die **Temperatur** im Raum der Unterbringung (Innenraum) soll laut Gutachten für die hier relevanten Arten nicht unter 10 °C liegen. Leider sind diese Formulierungen, die sicherlich in Vorbereitung und Ausführung einiges an Steuergeldern verschlungen haben, eben nur eine Empfehlung. Jedes Bundesland, sogar fast jedes Veterinäramt hat eigene Vorstellungen und kann diese durchsetzen!

Luft und Licht

Bei allen beschriebenen Haltungsformen für die Vögel ist auf ausreichende Belichtung und Belüftung der Räume und Volieren zu achten. In den letzten Jahrzehnten hat die Industrie sich zunehmend mit dieser Problematik auseinandergesetzt und brauchbare Hilfen entwickelt. Da in Innenräumen so gut wie keine **UV-Strahlung** vorhanden ist, die für die Vitamin-D-Synthese der Tiere erforderlich ist, muss nachgeholfen werden.

Es gibt Leuchtstoffröhren-Hersteller, die ihren sogenannten **Tageslichtröhren** zu einem gewissen Teil UV-A- und UV-B-Wellenlängen hinzufügen, etwa OSRAM Biolux, Arcadia Bird Lamp und andere.

Elektronische Vorschaltgeräte garantieren nicht nur einen flackerfreien Sofortstart, sie liefern auch ein flackerfreies Dauerlicht und reduzieren sogar den Stromverbrauch geringfügig. Sonnenauf- und -untergang kann man durch langsames Auf- und Abdimmen einer zusätzlichen Glühbirne bewerkstelligen, synchronisiert mit Zeitschaltung der Leuchtstoffröhren.

Hinweis Der UV-Anteil nimmt im Verhältnis zur Lebensdauer der Lampe schnell ab, diese Lampen sollten konsequent nach spätestens einem Jahr ausgewechselt werden.

Nur selten wird man in einem **Zuchtraum** mit der natürlichen Fensterbelüftung auskommen. Bei extremen Temperaturen hat sich eine **Belüftungsanlage** bewährt. Diese kann licht- und temperaturabhängig gesteuert werden. **Ionisatoren** können die Luftqualität durch Binden der Staubteilchen erheblich verbessern. Zu all diesen technischen Geräten findet man in Fachzeitschriften Anzeigen entsprechender Firmen.

Kombinierte Innen- und Außenvolieren bieten optimale Unterbringungsmöglichkeiten. Eine Konstruktion aus Alu-Elementen ist pflegeleicht und widersteht dem teilweise ausgeprägtem Nagebedürfnis.

Innen- und Außenvoliere

Die tiergerechteste Art der Unterbringung bleibt eine kombinierte Innen- und Außenvoliere für die Unzertrennlichen und Sperlingspapageien. Im Freiland **sozial lebende Arten** (siehe Artenbeschreibungen) können bei entsprechendem Platzangebot vergesellschaftet werden. Dadurch ist es ihnen möglich, ihre **natürlichen Verhaltensweisen** wenigstens annähernd auszuleben.

Außerdem können auch noch so gute technische Geräte das Klima einer Außenvoliere nicht vollständig ersetzen, Wind und Regen gehören ganz einfach zur natürlichen Witterung, den Vögeln verhilft dies zu mehr Gesundheit und Wohlbefinden. Anregungen und Beschreibungen zum Bau von Volieren finden sich im Fachbuch von F. Robiller „Vogelheime, Volieren und Teiche“, siehe dazu Literatur Seite 154).

Ernährung

Bisher gibt es immer noch recht wenige brauchbare Informationen zum **Ernährungsverhalten** von Agaporniden und Sperlingspapageien im Freiland. Randbemerkungen aus ornithologischen Reiseberichten und eigene Beobachtungen beziehen sich immer nur auf eine beschränkte Dauer zu einer Jahreszeit, in der das Reisen in den Ursprungsländern dieser Vögel einigermaßen unproblematisch ist. Hierbei werden absolute Hitzeperioden und Regenzeiten aus verständlichen Gründen eher gemieden. Doch selbst diese kurzen Beobachtungen zeigen schon, dass sich weder Agaporniden noch Sperlingspapageien ausschließlich von **Saaten** ernähren. Da wir ihnen in Menschenobhut längst nicht alle Futtermittel bieten können, die sie in der Natur zu sich nehmen, gilt es, einen vernünftigen Kompromiss zu finden.

Grundfutter

Bezeichnen wir das täglich zu reichende Futter als Grundfutter. Es besteht für alle Arten der beiden Vogelgattungen aus einer **Saatenmischung** und aus **Obst** und **Gemüse**. Nun wird es in der Praxis so sein, dass die Zusammensetzung der Mischung für einzelne der Agaporniden- oder Sperlingspapageien-Arten modifiziert werden muss. Dieses lässt sich, vorausgesetzt die Unterschiede sind nicht all zu groß, durch **Beimischen** von **Einzelsaaten** zur Grundmischung bewerkstelligen. Auf abweichende Bedürfnisse wird in den Artenbeschreibungen eingegangen.

Mehr noch als bei den Haltungsbedingungen wird die Vorgehensweise bei der Ernährung in der Praxis von Halter zu Halter sehr unterschiedlich sein. Viele machen sich hierzu wenig Gedanken und füttern eine Saatenmischung, die fälschlicherweise von einigen Anbietern sogar als Alleinfutter-

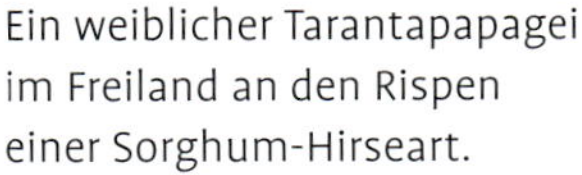

Ein weiblicher Tarantapapagei im Freiland an den Rispen einer Sorghum-Hirseart.

Körnermischungen.
Links: Grundmischung.
Mitte: Feinkörnige Zusatzmischung.
Rechts: Waldvogelmischung ohne Rübsen.

Beispiel aus der Praxis Unsere Grundmischung stellen wir aus einer fertigen Mischung mit Zusätzen von Einzelsaaten her. Dies hat den Vorteil, auf das Bedürfnis einzelner Arten besser eingehen zu können, ohne ständig zehn bis 15 Einzelsaaten vorhalten zu müssen.
Die angestrebte Zusammensetzung der Grundmischung plus zusätzliche Einzelsaaten, außerhalb der Zuchtperiode, kann der Tabelle entnommen werden.

mittel angeboten wird. Andere wiederum haben im Laufe ihrer Züchtertätigkeit aus Erfahrung eigene Saatenmischungen entwickelt und füttern diese als Alleinfutter. Eine zusätzliche Fütterung, bestehend aus Obst und Gemüse, wird allerdings inzwischen von der Mehrheit als sinnvoll anerkannt und vorgenommen. Seit einigen Jahren versuchen Futtermittelhersteller, mit Hinweis auf die „absolut bedarfsgerechte Versorgung", Pellets und Extrudate an den Mann – und in den Vogel – zu bringen (mehr dazu Seite 20).

In der Tabelle ist zu sehen, dass keine Sonnenblumenkerne enthalten sind, dafür aber der Anteil von Kardi etwas höher ist. Beide Saaten haben, bezogen auf den entspelzten Samen, etwa den gleichen **Fettgehalt**. Aufgrund der Tatsache, dass Kardisaat wesentlich kleiner ist als der Sonnenblumensamen und einen höheren Schalenanteil aufweist, sind etwa 50 bis 60 % mehr einzelne Saatenkörner erforderlich, damit der Vogel die gleiche Fettmenge aufnimmt. Die **Beschäftigungzeit**, die für die Nahrungsaufnahme anfällt, ist dadurch wesentlich höher. Ähnlich verhält es sich mit Kolbenhirse. Sie hat keinen höheren Nährwert als Hirse-Einzelsaaten, bietet aber mehr Beschäftigung und kommt der natürlichen Art der Nahrungsaufnahme näher. Kolbenhirse wird täglich portioniert gereicht.

Auch außerhalb der Brutperiode reichen wir den Vögeln täglich natürliche **Vitaminträger** in Form von Obst, Gemüse und Beeren. Es erfordert einen hohen Rechenaufwand, um zu ermitteln wie hoch der prozentuale Anteil an der Gesamtfuttermenge ist. Dies liegt daran, dass etwa Obstsorten einen sehr **hohen Wasseranteil** haben und alle Futtermittel auf die Trockensubs-

Tab. 1 Vorschlag zur Zusammensetzung von Grundmischungen

Saat	Grundmischung %-Anteil	Keimfutter %-Anteil
Großkörnige Hirsearten	25	20
Kleinkörnige Hirsearten	20	10
Kanariensaat (Glanz)	15	–
Hafer (ungeschält)	5	10
Haferkerne	5	–
Weizen	–	15
Buchweizen	5	5
Dari	5	5
Katjang	–	5
Sonnenblumenkerne	–	10
Kardisaat	12	20
Leinsamen	3	–
Negersaat	3	–
Hanf	2	–

Hinweis Nun ist es oft nicht ganz einfach, die Vögel an die Fütterungsmethode mit frischem Obst und Gemüse zu gewöhnen, besonders wenn sie nicht aus dem eigenen Bestand kommen und in ihrer Jugendphase vorwiegend mit Körnerfutter ernährt wurden. Oft gewöhnen sie sich leichter an die Umstellung, wenn sie mit Vögeln des eigenen Bestandes im Schwarm gehalten werden und so sehen können, was die Artgenossen zu sich nehmen. Die Neugier dieser Tiere hilft ihnen dabei und der Futterneid tut ein Übriges.

tanz umgerechnet werden müssten. Bezogen auf die Darbietungsform ist der Gewichtsanteil von Obst, Gemüse und Beeren auf jeden Fall mehr als doppelt so hoch wie der Anteil des Körnerfutters.

An den echten Bedarf anpassen

Auch wenn Körnerfutter im Napf der Verderblichkeit längst nicht so ausgesetzt ist wie Obst, sollten die Näpfe nicht randhoch gefüllt werden. Die Menge an Saaten, die täglich erforderlich ist, wird meist überschätzt. Vor einigen Jahren nahmen wir bei Akzeptanzversuchen für einen namhaften Futtermittelhersteller teil und waren so gezwungen, die täglichen Verbrauchswerte für unsere Vögel genau aufzuzeichnen. Im Versuch waren vier Paare Rosenköpfchen und zwei Paare Rußköpfchen. Im Mittel lag der Durchschnittsverbrauch an nicht entspelzten Saaten bei knapp 7 g pro Vogel und Tag, bezogen auf den verwertbaren Kern bei gut 5 g. Dies entspricht etwa 10 % der Lebendmasse des Vogels. Versuche des Institutes für Tierernährung der TU Hannover hatten sogar nur etwa 8 % ergeben.

Der **tägliche Bedarf** liegt also etwa bei einem leicht gehäuften Esslöffel Körnerfutter pro Vogel von der Größe der Agaporniden und Sperlingspapageien. Ein Überangebot wird dazu führen, dass die Vögel sich nur die „besten Brocken“ heraussuchen, erfahrungsgemäß die stark fetthaltigen Saaten. Noch größer ist die Gefahr der übermäßigen Fettaufnahme bei der Darreichung getrennter Einzelsaaten. Diese Fütterungsmethode sollte nur in ganz speziellen Fällen erfolgen, und zwar dann wenn die Kondition der Vögel es erfordert.

Leckerbissen sollten an verschiedenen Stellen am Gitter befestigt werden, damit die Vögel auch Abwechslung bei der Futterbeschaffung finden.

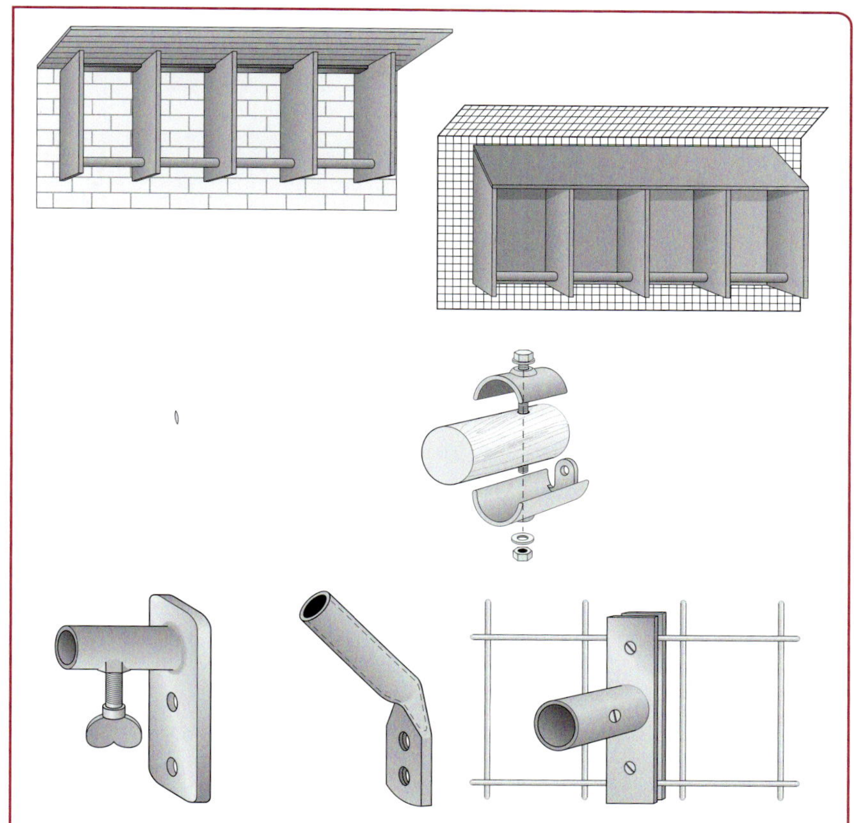

Bei größerer Volierenbesetzung haben sich getrennte Sitzabteile bewährt (oben). Unten sind verschiedene Möglichkeiten der Befestigung von Sitzästen am Gitter oder der Wand dargestellt.

Es gibt inzwischen Futtermittelhersteller, die spezielle **Mischungen** mit Bezeichnungen wie „Agaporniden“, „Afrikanische Sittiche“ oder „Zwergpapageien“ führen. In diesen Mischungen wird sparsam mit stark fetthaltigen Saaten wie Sonnenblumenkernen, Hanf und Kardi umgegangen, Sonnenblumensamen sind oft sogar überhaupt nicht enthalten. Dieses Futter ist auf die häufigste Art der Haltung in Boxen oder kleinen Volieren abgestimmt, bei der die Vögel nur wenig Möglichkeit haben, übermäßig angesammelte Energie abzugeben. Hinzu kommen eine meist reizarme Umgebung und Futter, das ohne Mühe aufzunehmen ist.

Früchte, Beeren, frisches Gemüse

Obst geben wir bevorzugt am Stück und in einer solchen Größe, dass es an einem Tag von den Tieren aufgenommen wird. Stammt es nicht aus eigenem Anbau, sollte es je nach Sorte geschält oder **gewaschen** werden, da eine chemische Behandlung mit hoher Wahrscheinlichkeit vorliegt.

Spezielle Halterungen, die am Volierengitter befestigt werden, sind geeignet, die Stücke anzubieten. Ebenso eignen sich dazu in Sitzstangen oder -äste eingebohrte, mindestens 2,5 mm starke Edelstahlstifte. Diese Dorndicke passt nicht mehr zwischen Vogelbein und Kennzeichnungsring und kann somit nicht zu Verletzungen führen. Wer Bedenken hat, dass sich die Vögel im Flug daran verletzen könnten, sollte sich einmal die bis zu 10 cm langen und nadelscharfen Dornen verschiedener Akazien ansehen, die im natürlichen Lebensraum vorkommen (siehe Foto Seite 81). Stellt man fest, dass bestimmte Vögel das **aufgespießte** Obst nur anbeißen und fallen las-

Hagebutten, links, besonders die Kerne, sind bei Agaporniden und Sperlingspapageien heiß begehrt und die Früchte der Eberesche (Vogelbeeren), rechts, sind über einen langen Zeitraum im Sommer verfügbar und werden gern aufgenommen.

sen, geht man zur „Obstsalatmethode" über und schneidet Würfel, die man in flacher Schale reicht. Keinesfalls sollten Äpfel im Ganzen angeboten werden. Zumindest sind sie mittig zu teilen, damit das Kerngehäuse begutachtet und Kernfäule ausgeschlossen werden kann. Dies gilt auch für Birnen.

Welche Obstsorten gereicht werden, hängt sehr von der **Akzeptanz** der Vögel ab, hier gibt es sogar innerhalb einer Art erhebliche Unterschiede. Kaum ein Vogel allerdings verschmäht **Äpfel**, die ohne Probleme das ganze Jahr über erhältlich sind. Hier kann es sein, dass einige Feinschmecker nur ganz bestimmte Sorten annehmen. Durch hartnäckiges Anbieten der anderer Apfelsorten lenken sie aber meist nach gewisser Zeit ein.

Steinobst wie Pfirsich, Pflaume, Aprikose, Kirsche und andere sowie **Beerenobst**: Erdbeere, Stachelbeere, Himbeere und Ähnliches sollten als Obstsalat gereicht werden. Die Akzeptanz ist bei diesen Früchten allerdings sehr unterschiedlich.

Die Darreichung von frischen **Holunderbeeren**, sie müssen vollreif sein, sonst besteht bei übermäßigem Genuss eventuell Vergiftungsgefahr, sollte man sich gut überlegen. In Boxen und Zimmervolieren wird man diesen „Fehler" sicherlich nur ein Mal machen, denn Wände und Fußboden können von dem roten Saft derart beschmutzt werden, dass kein vernünftiges Verhältnis mehr von Reinigungsarbeit zum Nutzen besteht.

Einige Beerenarten hält der gut sortierte Fachhandel in getrocknetem Zustand vor. Bei uns werden ganzjährig unter anderem getrocknete Ebereschen- und Wacholderbeeren verfüttert.

Dauerhaft problemlos zu beschaffen sind **Möhren**, die Akzeptanz ist allgemein hoch und die Inhaltsstoffe sind wertvoll. Sie haben einen sehr hohen Vitamin A-Anteil und das Kalzium/Phosphor-Verhältnis ist brauchbar. Ähnlich wie Äpfel können sie am Stück aufgespießt oder gewürfelt im Obstsalat angeboten werden. **Radieschen** und **Rettiche** sind für viele Vögel stark gewöhnungsbedürftig, man sollte es aber dennoch versuchen.

Hinweis

Unsere einheimischen **Wildfrüchte** werden gern von den Unzertrennlichen und Sperlingspapageien genommen. An der Spitze der Rangliste stehen hier die **Hagebutten**, besonders die großen der Hundsrose sind heiß begehrt. Ebereschen sind in ländlichen Gebieten häufig, die Beeren, auch **Vogelbeeren** genannt, kann man bereits ab August ernten und frisch am Zweig verfüttern oder sie für den Winter trocknen. Ähnlich verfährt man mit den Beeren des **Feuerdorns**, dieser ist allerdings weniger im Freiland zu finden, eher in Gärten.

Tab. 2 Kalzium/Phosphor-Verhältnis einiger Futtermittel

Futtermittel	mg / kg TS		Verhältnis
	Kalzium	Phosphor	Ca/P
Sonnenblumenkerne	1700	9000	0,19 : 1
Kardisaat	1700	11800	0,14 : 1
Hirsearten	300	4100	0,07 : 1
Apfel	70	100	0,70 : 1
Apfelsine	300	150	2,00 : 1
Feige	1400	1080	1,30 : 1
Mohrrübe	400	350	1,14 : 1
Ebereschenbeere	260	330	0,79 : 1
Weintraube	150	260	0,58 : 1
Petersilie	1950	850	2,29 : 1

TS = Trockensubstanz

völlig unzureichend

brauchbar

angestrebtes Verhältnis

Tab. 3 Mineralstoffe und Vitamine in einigen Beeren, Obst- und Gemüsesorten

Futtermittel	Kalzium	Phosphor	Natrium	Kalium	Eisen	Vitamin A	Vitamin B1	Vitamin B2	Vitamin C
	mg / kg					I.E.	mg / kg		
Eberesche	260	330	30	1400	9	600	0,3	0,7	590
Hagebutte	5100		500	500			1	0,07	6500
Holunder	350	570	5	3050	16	6000	0,7	0,8	180
Weintraube	150	260	20	1600	5	500	0,4	0,35	40
Feige	1400	1080	400	8000	33	850	1,2	0,9	20
Apfel	70	100	20	1300	4	6000	0,3	0,3	110
Birne	160	200	20	1150	3	1700	0,5	0,3	50
Apfelsine	300	150	30	1300	4	2300	0,1	0,6	360
Mohrrübe	400	350	450	3000	10	85000	0,5	0,5	50
Gurke	110	150	80	1050	4	2800	0,1	0,2	10
Petersilie	1950	850	300	8800	45	183000	10	3	1950

Hinweis Grünfutter zeichnet sich besonders durch einen hohen Vitamin- und Mineraliengehalt aus, auch das angesprochene Kalzium/Phosphor-Verhältnis, das bei etwa 1,5 bis 2 zu 1 liegen sollte, ist hier hervorragend.

Vom Löwenzahn können die Blätter und Samenstände als Futter verwendet werden.

Grünfutter

Es ist eine wertvolle Ergänzung und einiges können wir im Garten oder sogar Balkonkasten anbauen, Spinat, Mangold, Petersilie und Schnittlauch gehören dazu.

Wir hatten bisher kaum einen Vogel, der nicht vorbehaltlos Blätter und Samenstände vom **Löwenzahn** aufnahm. Einige Vögel mögen auch die Wurzel der Löwenzahnpflanze. Löwenzahnblätter sind gut acht Monate im Jahr vorhanden, sie haben ähnlich wie Möhren einen hohen Vitamin A-Gehalt. Bei der Verfütterung der Samenstände sollten diese vorher kurz oberhalb der Samen mit einer Schere abgeschnitten werden um zu verhindern, dass die „Fallschirmchen“ überall herumfliegen.

Vogelmiere, wohl jedem Vogelliebhaber bekannt, hat eine ähnlich gute Akzeptanz wie Löwenzahn. Sie ist fast das ganze Jahr über auf Brachland, Äckern und im Garten zu finden.

Gräser werden besonders gern genommen, wenn sich die **Samen** in **halbreifem** Zustand befinden. Es ist müßig, einzelne Arten besonders hervorzuheben. Wir bündeln verschiedene Arten zu einem Strauß und klammern diesen an einen Zweig oder an das Volierengitter. Es ist eine wahre Freude zu sehen, wie sich die Vögel darüber hermachen. Die kleinen Samen sind zwar kein Alleinfutter, doch eine willkommene Abwechslung zum Futter im Napf. Außerdem **beschäftigen** sich die Vögel mit diesem Futter wesentlich länger, es kommt der Nahrungsaufnahme in der Natur sehr nahe. Bei allen draußen gesammelten Futtermitteln ist darauf zu achten, dass sie nicht von **Schadstoffen** belastet sind. An stark befahrenen Straßen und an Feldrändern, wo man von Spritzmitteleinsatz ausgehen kann, sollte man nicht sammeln.

Keimfutter

Manche Vogelhalter lehnen aufgrund negativer Erfahrungen mit verdorbenem Keimfutter diese Methode der Futterzubereitung generell ab. Bereitet man aber das Futter unter solchen Bedingungen zu, dass man es selber essen könnte, bestehen überhaupt keine Bedenken. Viele Haushalte bereiten ihre Sprossen für die Rohkost selbst, es ist das gleiche Prinzip.

Zubereitung

Es gibt recht abenteuerliche Methoden der Keimfutterzubereitung vom Keimen auf Küchentüchern bis hin zum Ansatz in völlig geschlossenen Behältnissen oder in einer Wollsocke. Wichtig dabei in jedem Fall ist eine ausreichende Sauerstoffversorgung. Wir bevorzugen den Ansatz im Sieb. Schon bei der **Wässerungszeit** werden oft Fehler gemacht. Eigene Versuche mit verschiedenen Einzelsaaten haben gezeigt, dass schon in vier bis sechs Stunden Wässerung so viel Feuchtigkeit vom Korn aufgenommen wurde, dass der Keimvorgang eingeleitet wird. Jemand, der tagsüber arbeiten muss, wird in der Praxis eher einen Rhythmus von zwölf Stunden vorziehen. Eine längere Wässerungszeit bringt keinerlei Vorteile mehr.

- Die anzusetzende Menge des Körnerfutters – Hanf und Leinsamen gehören aufgrund der Schleimbildung nicht ins Keimfutter – wird in ein Haushaltssieb gegeben und unter scharfem Wasserstrahl vom Reststaub befreit. Das Sieb in eine Schale hängen.
- Wasser nun soweit aufgießen, dass alle Saaten des in der Schale eingehängten Siebes vollständig bedeckt sind. Ein Wasserwechsel innerhalb der zwölf Stunden sollte möglichst durchgeführt werden.
- Anschließend das Wasser abgießen und die Saaten im Sieb gut spülen. Am Schalenboden jetzt nur so viel Wasser einfüllen, dass das Sieb nicht hineinragt.
- Im Wechsel von 12 Stunden oder weniger diesen Vorgang wiederholen. Je nach Temperatur im Ansatzraum – mehr als 22 bis 24 °C wirken sich negativ aus, es kann schnell zu einer Verpilzung des Keimguts kommen – und der angesetzten Saaten sind die ersten Keimspitzen nach 24 bis 36 Stunden sichtbar.
- Die Keime sollten nicht übermäßig lang werden, wenige mm reichen aus, um die Wertigkeit des Futters zu steigern. Überlange Keime enthalten einen erhöhten Rohfasergehalt und mindern die Verdaulichkeit.
- Vor der Verfütterung lassen wir das Keimgut auf einem Haushaltstuch abtropfen. Es kann dann in einer flachen Schale angeboten werden.
- Eine andere Methode ist, es mit dem Grundfutter zu mischen. Dies hat den Vorteil, dass der Feuchtigkeitsgehalt reduziert wird und pulverförmige Ergänzungsstoffe über die gesamte Mischung gepudert werden können, die dann auch von den Vögeln mit aufgenommen werden.

Hinweis Durch den Keimprozess wird das Futter wesentlich besser verdaulich als die trockenen, harten Körner. Hinzu kommt, dass der Vitamingehalt steigt und auch Spurenelemente und Mineralien verwertbarer werden.

Wichtig Ob mit Grundfutter gemischt oder separat verfüttert, die Menge muss bedarfsgerecht sein. Reste müssen je nach Temperatur in der Voliere spätestens nach zwölf Stunden konsequent entsorgt werden. Bei der Gabe mit dem Körnerfutter zusammen darf ein Kosten reduzierendes Ausblasen der Saaten nicht erfolgen. Die Futterschalen müssen täglich ausgewaschen werden.

Ergänzungsfuttermittel

Wir werden nicht umhin kommen, allen unseren Saatenmischungen Ergänzungs-Futtermittel beizugeben. Der Bedarf an **Vitaminen** und **Spurenelementen** ist stark abhängig von der Situation, in der sich der Vogel befindet. Reicht die Versorgung während der **Ruhephase** bei Fütterung mit Saaten, Obst und Grünfutter noch weitgehend aus, trifft das für **Brutperiode**, **Jungenaufzucht** und **Mauser** nicht mehr zu.

Die zusätzliche Verabreichung von Vitaminpräparaten über das Trinkwasser ist oft problematisch, da die Vögel bei Obst- und Grünzeuggaben einen geringen Bedarf an Trinkwasser haben und die Gefahr besteht, dass die Vitamine bei zu langer Verweildauer im Wasser zerfallen können. Wir ziehen eine Verabreichung von **pulverförmigen Präparaten**, die auch Mengen- und Spurenelemente enthalten, vor. Dieses kann leicht auf das Obst, Gemüse oder Keimfutter gepudert werden.

Detaillierte Beschreibung von Vitaminen, Spurenelementen und Mineralstoffen sowie Angaben zur **Dosierung** sind weiterführender Literatur zu entnehmen wie dem Buch „Vögel richtig füttern“ von Aeckerlein/Steinmetz und anderen Quellen.

Fertigfutterpellets

Alle Sorgen, die Vögel wirklich richtig zu ernähren, wollen uns die Hersteller von Fertigfuttermitteln in Form von Pellets und Extrudaten abnehmen. Es ist sicher richtig, dass die **Zusammensetzung** in dieser Form speziell auf bestimmte Vogelarten zugeschnitten werden kann. Dies gilt aber nur, wenn man die Bedürfnisse der Vögel genau kennt, das heißt die Ernährungsweise in der Natur, alle dazugehörigen Pflanzenteile und Samen sowie die jeweiligen Mengen. Dazu müssten alle diese Bestandteile außerdem vorher analysiert werden. Doch bei den meisten Vogelarten sind diese Informationen nicht vorhanden.

Dazu kommt, dass Pellets oder Extrudate bei weitem nicht in Form, Farbe und Art der Darreichung den natürlichen Gegebenheiten entsprechen. Dieses Futter kann durchaus alles enthalten, was die Tiere brauchen, allerdings aus anderen Ursprüngen, und so behält es den Beigeschmack von intensiver Nutztierhaltung. Die Erfahrungen einzelner Halter gehen hier weit auseinander und reichen von strikter Ablehnung bis hin zu großer Begeisterung, je nach den eigenen Erfahrungen mit der Verfütterung.

Hygiene bei der Fütterung Es ist selbstverständlich, dass Futterbehältnisse in der Voliere so angeordnet werden, dass sie von den Vögeln möglichst nicht verschmutzt werden können und für den Pfleger leicht zu bedienen sind. Bewährt haben sich dafür Edelstahlnäpfe und für das Keimfutter flache glasierte Tonschalen. Gefäße aus diesen Materialien sind standfest und lassen sich besonders gut reinigen.

Das wichtige Wasser

Noch ein paar Worte zu der kostengünstigsten Ernährungskomponente, dem Wasser. Es ist unverständlich, wenn der Wasserwechsel nicht täglich durchgeführt wird. Selbst wenn das Trinkwasser im Napf nach einem Tag noch sauber aussieht, ist es zumindest durch Staub, der sich in der Vogelhaltung kaum vermeiden lässt, belastet. Eine Darreichung in Trinkröhrchen oder Wasserautomaten, die sich erfahrungsgemäß nicht besonders gut reinigen lassen, sollte nur erfolgen, wenn die Vögel aufgrund Abwesenheit des Pflegers für wenige Tage versorgt werden müssen.

Die Zucht

Agaporniden und Sperlingspapageien gehören zu den Papageienarten, die sich, von einigen Ausnahmen abgesehen, relativ zuverlässig züchten lassen. Die teilweise niedrigen Nachzuchtzahlen bei einigen Arten sind dadurch bedingt, dass sie bisher nur in geringen Anzahlen eingeführt wurden. Einen Überblick vermittelt die AZ-Nachzuchtstatistik unten, wobei die tatsächlichen Nachzuchtzahlen wesentlich höher liegen, da nur etwa 10 % der Mitglieder Meldungen abgeben und es noch weitere Vogelzuchtverbände und nicht organisierte Züchter gibt, deren Zuchtergebnisse nicht erfasst werden.

Amtliches

Nicht unerwähnt bleiben soll, dass jede auch noch so kleine Zucht von Papageienvögeln genehmigungspflichtig ist. Diese **Genehmigung** muss, je nach Bundesland, bei der zuständigen Veterinärbehörde beantragt werden. Vor Erteilung ist der Amtsveterinär berechtigt, eine nach seinem Ermessen durchzuführende **Sachkunde** des Züchters festzustellen und die **Zuchtanlage** auf Tauglichkeit zu begutachten. Diese Hürde ist aber für jeden pflichtbewussten Halter zu nehmen, wenn er verantwortungsvoll züchten möchte.

Tab. 4 Auszug aus der AZ-Nachzuchtstatistik 2000 bis 2007

	2000	2001–2003	2004	2005	2006	2007
Grauköpfchen	56	33	251	274	116	169
Pfirsichköpfchen	798	2667	2359	2314	2465	2697
Erdbeerköpfchen	173	368	298	390	350	388
Rußköpfchen	176	494	491	580	528	412
Schwarzköpfchen	997	2308	1699	1663	1408	1233
Orangeköpfchen	–	18	–	–	15	14
Rosenköpfchen	1160	3140	2528	2304	2411	2190
Tarantapapagei	96	232	460	352	337	360
Blaugenick-Sperlingspapagei	832	1022	1394	1582	1716	1675
Augenring-Sperlingspapagei	55	111	208	228	199	223
Blassgelber Blauflügel-Sp.	–	9	–	20	–	17
Kolumbianischer Sperling.	13	36	21	29	8	10
Mexikanischer Blaubürzel-Sperl.	–	–	4	–	3	–
Blauflügel-Sperlingspapagei	8	–	19	34	49	12
Grünbürzel-Sperlingspapagei	18	163	92	77	37	68
Venezuela Grünbürzel-Sperl.	–	2	–	–	–	–
Amazonas Grünbürzel-Sperl.	–	7	–	–	–	–
Gelbmasken-Sperlingspapagei	79	21	78	142	93	100

Rußköpfchen sind sehr verträglich und können gut im Schwarm gehalten werden.

Von der Meldepflicht sind derzeit betroffen:

Erdbeerköpfchen, Orangeköpfchen, Grünköpfchen, Mexikanischer Sperlingspapagei und Sclaters Sperlingspapagei.

Einige Agaporniden- und Sperlingspapageien-Arten unterliegen zusätzlich der Meldepflicht nach der Bundesartenschutzverordnung und der besonderen Kennzeichnung mit eigens hierfür vorgesehenen Ringen.

Laut Gesetz muss bei diesen Arten bei jeder Veränderung wie Kauf, Verkauf, Nachzucht, Abgang durch Tod, umgehend eine **Meldung** an die zuständige Behörde erfolgen. Auch diese Regelung wird unterschiedlich gehandhabt, viele Behörden geben sich mit einer halbjährlichen oder sogar jährlichen Meldung zufrieden, man sollte sich also unbedingt kundig machen. Die speziellen **Kennzeichnungsringe** können beim „Bundesverband für fachgerechten Natur- und Artenschutz e. V. (BNA)" oder beim „Zentralverband Zoologischer Fachbetriebe (ZZF)" bezogen werden.

Zuchtvorbereitung

Zuerst muss natürlich ein Zuchtpaar vorhanden sein. Sind Männchen und Weibchen bei den Sperlingspapageien am äußeren Erscheinungsbild gut zu unterscheiden, so wird es bei einigen *Agapornis*-Arten schon etwas schwieriger. Bei allen vier Arten der *Personatus*-Gruppe ist die **Bestimmung des Geschlechtes** selbst für langjährige Züchter manchmal nicht einfach.

Eine sichere Methode ist die Bestimmung mittels **DNA-Analyse**. Verschiedene Institute und Labors bieten in den Fachzeitschriften ihre Hilfe an. Hierzu reicht es, eine oder zwei frische mittelgroße Federn zu ziehen und mit Angaben zu Vogelart und Kennzeichnung an die entsprechende Einrichtung zu schicken. Schon nach wenigen Tagen erhält man ein Zertifikat über die Geschlechtsbestimmung. Die Kosten liegen je nach Labor und Anzahl der Proben derzeit bei etwa 12 bis 17 Euro.

Diese Methode wird in Züchterkreisen für Agaporniden jedoch selten genutzt. Man vertraut auf eigene Beobachtungen der Verhaltensweisen, geringfügiger Größenunterschiede oder dem **Abfühlen der Beckenknochen**. Das Abfühlen gibt bei einigen Arten, die bereits geschlechtsreif sind, brauchbare Ergebnisse. Hierzu nimmt man den Vogel in Rückenlage in die Hand und tastet mit dem Zeigefinger der freien Hand die Beckenknochen

Bei geschlechtsmonomorphen Vögeln wie hier dem Rußköpfchen ist die Paarzusammenstellung nicht ganz einfach. Es gibt jedoch einige brauchbare Kriterien zur visuellen Geschlechtsbestimmung (siehe Seite 82).

Hinweis Steht eine Gruppe blutsfremder Jungvögel für die Zucht zur Verfügung, hat es sich besonders für die **Paarharmonie** bewährt, dass sich die Vögel ihren Partner selber suchen. Solche Paare sind in der Aufzucht der Jungen meistens erfolgreicher als zwangsverpaarte Vögel.

ab. Bei Weibchen, besonders wenn sie schon einmal Eier gelegt haben, ist der Abstand einige Millimeter groß und die Knochen sind kürzer und elastischer als bei den Männchen.

Richtiges Licht und Futter

Zur Einleitung der **Brutsaison** bei den Vögeln hat es sich bewährt, einige Dinge in der normalen Haltung umzustellen. Hierzu gehört, dass in Innenräumen eine langsame, sich über mindestens zwei bis drei Wochen hinziehende Erhöhung der Beleuchtungsdauer und eventuell auch der Lichtintensität stattfindet. Da alle hier behandelten Papageienarten nahezu in Äquatornähe, maximal etwa 25° nördlicher und südlicher Breite – wir befinden uns bei etwa 50° N – vorkommen, genügt es, die Beleuchtungsdauer um höchstens zwei Stunden auf etwa 13 bis 14 Stunden **Tageslänge** zu **erhöhen**. Bei der **Fütterung** wird der Anteil von Obst, Gemüse und Grünfutter erhöht und nun täglich Keimfutter gereicht.

Nistmöglichkeiten

Der Nistkasten wird etwa zwei Wochen nach Beginn dieser Maßnahmen eingebracht. Aus eigener Erfahrung lässt sich sagen, dass dessen Form und Größe bei den meisten Agaporniden und Sperlingspapageien nur eine untergeordnete Rolle spielen, was sich auch im Freiland in Gegenden mit geringer Auswahl an Bruthöhlen zeigt. Arten wie etwa das **Orangeköpfchen** stellen hier allerdings höhere Ansprüche, die ab Seite 43 beschrieben werden.

In den meisten Fällen wird der Nistkasten ein **Querformat** haben, besonders in den nicht sehr geräumigen Zuchtboxen. Diese Kästen haben den

Der Klassiker ist der sogenannte Wellensittichnistkasten im Querformat, hier bei geöffnetem Deckel, von oben. Bei Arten, die nur wenig Nistmaterial eintragen, ist es erforderlich, in den Boden eine Nistmulde einzuarbeiten.

Hinweis Zu vermeiden sind wenig atmungsfähige Werkstoffe für Nisthöhlen wie etwa kunststoffbeschichtete Platten. In Kästen dieser Bauart steigt nach dem Schlupf der Jungen die relative Luftfeuchtigkeit so stark an, dass sich Kondenswasser bildet und das Nistmaterial leicht verschimmeln kann.

Vorteil, dass die Vögel nicht direkt über dem Gelege in den Kasten einschlüpfen können und so die Eier weniger gefährdet sind. **Hochformatkästen** sollten, falls möglich, etwas **schräg** aufgestellt werden, um die beschriebene Gefahr zu mindern.

In größeren Volieren haben sich **Naturstammhöhlen** bewährt, denn aufgrund der größeren Wanddicke ist das Mikroklima hier besser als in Kästen aus Sperrholz oder Brettmaterial.

Unterschiedliches Nestbauverhalten

Sperlingspapageien tragen in der Regel kein Nistmaterial ein. In den Boden der Nisthilfe sollte daher eine deutliche **Nestmulde** eingearbeitet sein, die ein Verrollen der Eier verhindert. Als **Grundeinstreu** wird in den meisten Fällen eine Mischung aus kurzen Hobelspänen und Sägespänen eingebracht. Viele Vögel werfen einen Teil dieser Einstreu wieder heraus, es bleibt aber meist trotzdem so viel am Boden zurück, dass die Jungen nicht in der blanken Nistmulde liegen.

Alle *Agapornis*-Arten sind bessere Baumeister. Sie tragen mehr oder weniger Material, bestehend aus Rinden- oder Blattstücken bis zu kleinen Zweigen ein. Die Arten der *Personatus*-Gruppe tragen das Material im Schnabel ein und bauen ein recht umfangreiches, teilweise überdachtes Nest, wenn ihnen ausreichend frische Zweige zur Verfügung stehen. Auch das Rosenköpfchen baut umfangreich, es steckt sich jedoch das Material in Rücken- und Bürzelgefieder und trägt es so ein. Diese komplizierte Transportart wählen auch Grau- und Orangeköpfchen sowie Tarantapapageien, allerdings geben sie sich meist damit zufrieden, eine Nestunterlage zu er-

Der spezielle Kunststoffnistkasten für Sperlingspapageien besitzt zwei Ebenen, was eine Beschädigung des Geleges verhindert. Seitlich der herausnehmbaren Nistschale mit eine auswechselbaren Nistmulde aus Holz sind Luftlöcher für eine entsprechende Zirkulation, die die Bildung von Schwitzwasser verhindert.

stellen. Auch bei den *Agapornis*-Arten sollte sicherheitshalber eine Nestmulde vorhanden sein.

Wenige Tage alte Nestlinge des Blaugenick-Sperlingspapageis.

Paarungsverhalten

Die Paarbindung bei Agaporniden und Sperlingspapageien besteht zwar das ganze Jahr über, sie nimmt allerdings vor der Brut noch deutlich zu. Das übliche dichte Beieinandersitzen und **Gefiederkraulen** und die gemeinsame **Verteidigung** von Nistkasten und näherer Umgebung gegenüber Artgenossen wird deutlich verstärkt. Das reine Balzverhalten unterscheidet sich bei Vögeln beider Gattungen nur gering, die Besonderheiten werden bei den Artbeschreibungen angesprochen.

Die Einleitung zur Kopulation beginnt mit verstärktem **Partnerfüttern**. In den meisten Fällen ist das Männchen der aktive Teil und fordert sein Weibchen durch Kopfnicken und Würgebewegungen zur Übernahme des Futters auf. In einigen Fällen jedoch bettelt das Weibchen nach Jungvogelmanier in geduckter Haltung mit nach oben geneigtem Kopf seinen Partner an.

Besonders bei Agaporniden zeigen die Männchen ein aufgeregtes Verhalten, trippeln auf dem Sitzast umher und unterbrechen diese Tätigkeit durch häufiges Kratzen am Kopf. Dabei wird der Fuß hinter dem Flügel zum Kopf geführt. All diese Tätigkeiten sind auch akustisch durch verstärkte **Lautäußerungen** zu vernehmen.

Während Agaporniden zur **Kopulation** den Rücken des Weibchens besteigen, halten sich die Männchen der Sperlingspapageien mit einem Fuß auf der Sitzgelegenheit, mit dem anderen im Rückengefieder des Weibchens fest. Kopulationen dauern oftmals drei bis vier Minuten und werden mehrmals täglich wiederholt.

Brutablauf

Nach Belegen des Nistkastens und dem Nestbau bei den **Agaporniden** dauert es meist nicht lange, bis das erste Ei in der Mulde liegt. Die weitere Eiablage erfolgt im Rhythmus von zwei Tagen, bei **Sperlingspapageien** gelegentlich in kürzerem Abstand. Ältere Agaporniden-Weibchen lassen auch schon mal drei Tage bis zur nächsten Ablage vergehen. Wie nahezu alle Papageieneier tragen sie keine Färbung oder Musterung auf weißem Grund.

Tab. 5 Brutdaten

Art	Anzahl der Eier	mittlere Eigröße (mm)	Brutdauer (Tage)	Nestlingszeit (Tage)
Grauköpfchen	4–6 (7)	18,5 × 14,8	21–22	37–40
Orangeköpfchen	3–5	20,5 × 16,7	22–23	40–42
Tarantapapagei	4–5	23,0 × 17,6	24–25	46–49
Rosenköpfchen	4–6 (8)	23,5 × 18,0	22–23	36–40
Pfirsichköpfchen	4–6	22,6 × 17,3	22–23	36–38
Schwarzköpfchen	4–5 (6)	23,0 × 17,5	22–23	37–40
Erdbeerköpfchen	4–6	21,5 × 16,8	21–22	35–38
Rußköpfchen	4–5 (7)	22,2 × 17,4	21–22	35–38

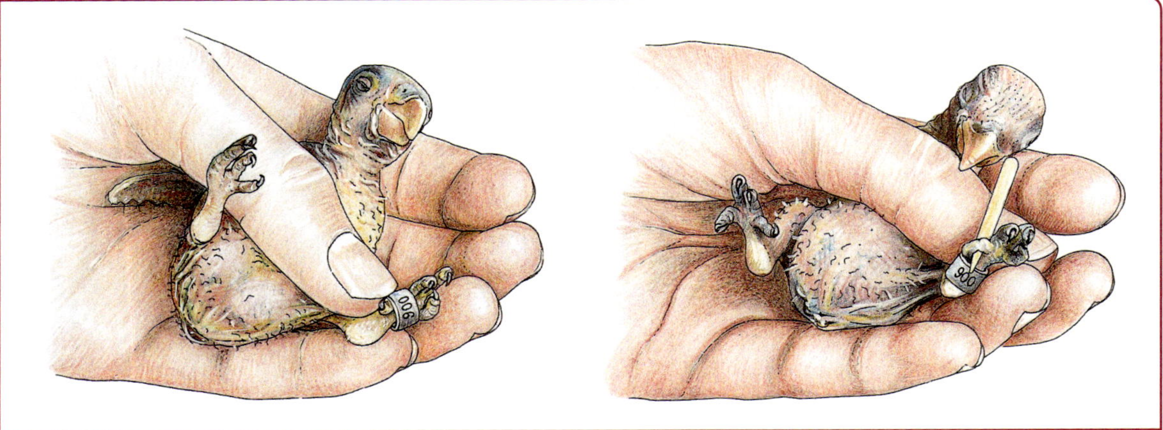

Geschlossene Beringung: Drei Zehen werden nach vorn gelegt und durch den Ring geführt, der vierte (innere) Zeh liegt nach hinten und wird zuletzt vorsichtig durch den Ring gezogen.

Im Erscheinungsbild wirken die Eier eher stumpf, mit einem Verhältnis von Länge zu Durchmesser von weniger als 1,35 zu 1.

Das **Brutgeschäft** wird vom Weibchen allein getätigt, wobei sie mit einer festen Bebrütung meist erst vom zweiten oder dritten Ei an beginnt. Bis zum **Schlupf** vergehen je nach Art zwischen 20 und 25 Tage. Schon mindestens einen Tag vor dem Schlupf ist das **Piepsen** des Jungen im Ei festzustellen, auch ist die Eischale meist schon von innen angepickt. Bis das Junge mit seinem Eizahn die Schale am stumpfen Pol umlaufend perforiert hat und sie mit Hilfe der starken Nackenmuskulatur absprengt, können einige Stunden vergehen, in Ausnahmefällen ein ganzer Tag. Die spärlich mit Dunen bedeckten Jungen werden schon wenige Stunden nach dem Schlupf vom Weibchen **gefüttert**. Die Augen sind zunächst noch geschlossen und öffnen sich je nach Art erst zwischen dem 8. und 13. Lebenstag.

Die genaue Entwicklung der Jungen wird jeweils in den Artenporträts beschrieben. Obwohl eine **Beringung** mit offenen amtlichen Ringen nach dem Psittakosegesetz zulässig ist, sollte einer geschlossenen Beringung den Vorzug gegeben werden. Auf Ringgrößen und Beringungszeitraum wird ebenfalls bei der Artenbeschreibung eingegangen. Die Sonderberingung für besonders geschützte Arten wurde auf Seite 22 angesprochen.

Meist ab dem Zeitpunkt, an dem sich die Augen der Jungvögel öffnen, beteiligt sich auch das **Männchen** aktiv an der **Fütterung**, vorher hat es seinem Weibchen das Futter übergeben und dieses hat allein die Jungen gefüttert. Die **Nestlingszeit** liegt je nach Art zwischen 32 und 49 Tagen. Es kann allgemein davon ausgegangen werden, dass sich die Jungen drei Wochen nach dem Ausfliegen selbst ernähren können. Falls die Verträglichkeit es zulässt, sollten sie so lange wie möglich bei den Eltern bleiben, um von diesen in Sachen Nahrungsaufnahme- und Sozialverhalten zu lernen.

Hinweis Es empfiehlt sich, Jungvögel nach dem Absetzen in größere Gemeinschaftsvolieren umzusetzen. Hier können sie mit anderen Jungvögeln soziale Kontakte pflegen und ihre Kondition durch bessere Bewegungsmöglichkeiten stärken.

Rupfen der Jungvögel

Ein Problem bei der Aufzucht der Jungen stellt sich hin und wieder bei Vögeln beider Gattungen: Dunen oder später auch Großgefieder der Jungvögel werden von den Eltern gerupft. Es ist nicht klar zu sagen, wo die Ursachen liegen. Vermutet wird, besonders bei der Zucht in Boxen, eine **Unterbeschäftigung** der Altvögel. Das Futter wird ihnen schnabelgerecht in kurzer Entfernung vorgesetzt und die erforderliche Revier- und Nestverteidigung ist nicht erforderlich. Dafür spricht auch, das dieses Verhalten bei Gemeinschaftshaltung in großen Freivolieren seltener auftritt.

Jungvögel sollten in einer geräumigen Voliere vergesellschaftet werden. Dabei empfiehlt es sich, sie alle gleichzeitig einzusetzen.

Es gibt viele Ratschläge, wie man das Leiden der Jungvögel durch das Rupfen mindern kann. Erfahrungsgemäß helfen Bittersprays, wie sie im Handel angeboten werden ebensowenig wie das Einschmieren der Jungvögel mit Handcreme. In Fällen, wo das Rupfen nur in geringem Maße auftritt, kann die Entfernung des **Nistkastendeckels** helfen, da sich die Eltern dann mehr außerhalb aufhalten. Ist bekannt, welcher Vogel rupft, meistens wird es das Weibchen sein, kann er, falls zuverlässig feststeht, dass beide Altvögel gefüttert haben, aus der Unterkunft herausgenommen werden. Eine weitere Radikalmaßnahme ist es, bei Querformatkästen ein Trenngitter einzubauen, durch das die Jungen von den Altvögeln hindurchgefüttert werden können.

Ob diese Unart an die Jungen weitergegeben wird, ist umstritten. Tatsache ist aber, dass einige Arten mehr zum Rupfen neigen als andere. Bei uns galt dies besonders für die Erdbeerköpfchen.

Rechte Seite: Agaporniden, hier ein Schwarzköpfchen, betreiben ausgiebige Gefiederpflege.

Gesundheitsvorsorge

In diesem Kapitel geht es vorwiegend um Maßnahmen, durch die unter normalen Umständen Krankheiten zu vermeiden oder ausgebrochene Krankheiten zumindest rechtzeitig zu erkennen sind. Bis auf wenige Ausnahmen sollte die Behandlung aber von einem qualifizierten Tierarzt durchgeführt werden.

Hygiene über alles

Grundvoraussetzungen, Krankheiten weitestgehend zu vermeiden, sind die tägliche **Beobachtung** der Vögel, vor allem **Hygiene** in der Voliere. Ein kurzer Blick auf die Vögel während der täglichen Fütterung reicht hierbei aber nicht aus, da Tiere es allgemein verstehen, ihr Unwohlsein zu überspielen, wenn sie sich beobachtet fühlen.

Eine große Gefahrenquelle, besonders bei sommerlichen Temperaturen, ist die **Schimmelbildung** im Bereich der **Trink- und Badeschale.** Diese Gefäße sollten daher nicht unmittelbar auf dem Bodenbelag stehen, egal aus welchem Material dieser besteht. Ein Untersetzer sollte so groß sein, dass möglichst kein Wasser auf den Boden laufen kann. Bei der täglichen **Wassererneuerung** ist er zumindest abzuwischen oder bei Verunreinigung abzuwaschen.

Es gibt einige Vögel, die anscheinend Freude daran haben, jegliches Nistmaterial oder auch die Kolbenhirse durch das Wasser zu ziehen. Hier bleiben natürlich schnell Reste im Wassernapf, die je nach Material grobe Verunreinigung hervorrufen können. Auch gibt es Vögel, die ihren Kot fast gezielt im Wasser absetzen. Nun kann man überlegen, ob man die betreffenden Volieren mit **Trinkröhrchen** ausstattet. Bei Boxen wird dieses aufgrund der beschränkten Platzverhältnisse gern vorgenommen. Obwohl einige Vogelarten ihr Trinkwasser auch von Blättern oder kleinen Baumspalten abnehmen, ist dies bei Agaporniden und Sperlingspapageien nicht der Regelfall. Im Allgemeinen trinken sie aus Quellen, Bächen oder zumindest Pfützen, also aus offenen Wasserflächen. Ein Trinkröhrchen erfüllt diesen Anspruch nicht. Außerdem ermöglicht es dem Vogel nicht, ein Bad zu nehmen.

Einstreu

Besonders in Zuchtboxen mit kleiner Grundfläche besteht schnell die Gefahr, dass sich Kothaufen an einer bestimmten Stelle ansammeln. Einige Einstreumaterialien neigen dann zur Schimmelbildung. Zweifelsohne ist eine **Sandeinstreu** am hygienischsten, Schwierigkeiten können aber aufgrund des hohen Gewichtes bei der Entsorgung auftreten. Wenn dann Volieren oder Boxen in größerer Anzahl gereinigt werden, kann es schon passieren, dass die Müllabfuhr den Eimer stehen lässt. Bei Einstreu in Form von kurzen Spänen, Buchenholzgranulat oder anderen gehäckselten Materialien muss auf **Staubfreiheit** geachtet werden. Wenn die Vögel fliegen, wird der Staub unweigerlich aufgewirbelt und belastet die Nasenschleimhäute, nicht nur des Halters, sondern in besonderem Maße der Vögel.

Beobachtung der Tiere

Bei der täglichen Visite sollte besonders darauf geachtet werden, ob die Vögel ihr normales **Distanzverhalten** zeigen. Ist dies nicht der Fall, dann zeugt das nicht von besonderer Zahmheit, sondern deutet eher darauf hin, dass mit dem Gesundheitszustand des Vogels etwas nicht stimmt. Ist die

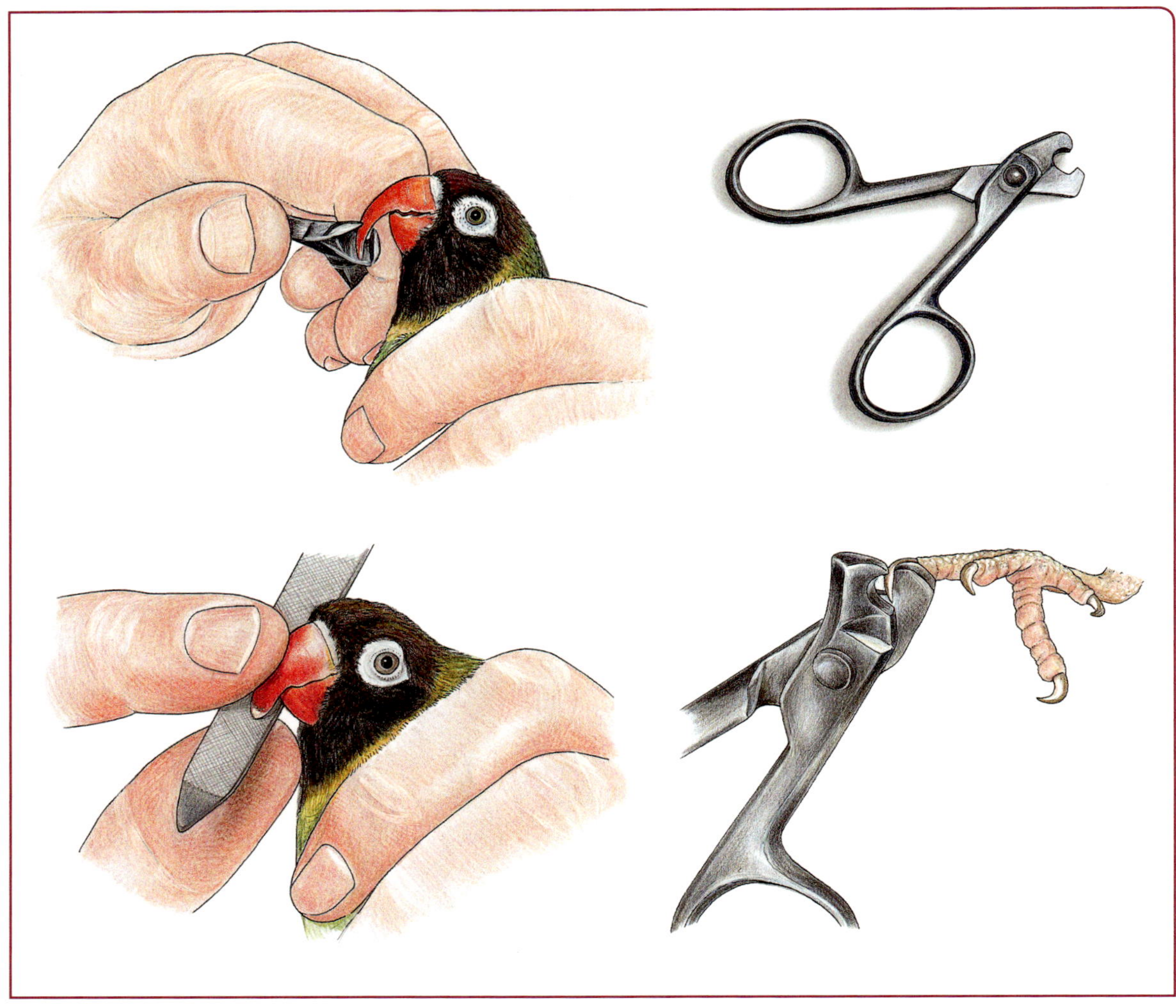

Schnabel und Krallen sollten nur von Geübten oder dem Tierarzt mit den geeigneten Hilfsmitteln korrigiert werden:

Links: Ein zu langer Oberschnabel wird mit der Zange gekürzt (oben) und glatt gefeilt (unten).

Rechts: Mit einer speziellen Krallenschere wird die Kralle geschnitten. Dabei muss man darauf achten, dass die Blutgefäße im Innern der Kralle nicht verletzt werden.

Atmung erhöht, das **Gefieder** gesträubt und das **Auge** nicht rund und glänzend, wird es Zeit, dem Zustand auf den Grund zu gehen. Auch wässriger **Kot** am Boden oder verklebtes Kloakengefieder sind Warnsignale.

Krankenbox und Tierarztbesuch

Vögel, die sich offensichtlich nicht wohl fühlen, sollten separiert werden. Hierzu eignet sich eine Box, die nur vorn teilweise vergittert ist und eine Wärmelampe enthält. Oft wirkt **Wärme** Wunder, sollte sich der Zustand nicht innerhalb weniger Stunden bessern, ist ein Tierarzt aufzusuchen. Obwohl es inzwischen empfehlenswerte Literatur zum Thema Vogelkrankheiten gibt (siehe Literaturverzeichnis), ist es für den Laien sehr schwierig, entsprechende Therapien durchzuführen, zumal einige Krankheiten nahezu gleiche Symptome hervorrufen.

Für den Tierarzt ist die **Vorgeschichte**, die eventuell zur Krankheit geführt hat, bedeutend. So sollte man zumindest Angaben zur Unterbringung, Ernährung und der Erstbeobachtung des Krankheitsbildes machen. Man kann sich eine Fahrt sparen, wenn man gleich eine frische **Kotprobe** mitnimmt, die der Tierarzt in den meisten Fällen fordern wird. Regelmäßige Kotproben sollten auch vom gesunden Bestand genommen werden, so lässt sich durch vorbeugende Maßnahmen manch eine Krankheit vermeiden.

Risikofaktor PBFD

Auf eine besondere Erkrankung soll hier noch etwas näher eingegangen werden. Sie wurde in den 1980er Jahren erstmals aus Australien gemeldet und betraf vorwiegend frei lebende Kakadus. PBFD, englisch: Psittacine Beak and Feather Disease, ist eine Circo-Virus-Infektion, die auch als **Federverlustsyndrom** beschrieben wird. In den letzten Jahren ist vermehrt von befallenen Wellensittich- und Agapornidenstämmen zu hören. Es wird sogar davon ausgegangen, dass fast 40 % aller Bestände befallen sind.

Das Krankheitsbild, das früher mit erheblichen Federverlusten und starken Veränderungen des Schnabelhorns beschrieben wurde, zeigt sich heute wesentlich unauffälliger. Die Krankheit wirkt sich negativ auf das **Immunsystem** der Vögel aus und diese können dann an Sekundärinfektionen verenden.

Eine **molekularbiologische Untersuchung** bringt Klarheit. Hierzu werden wie bei der Geschlechtsbestimmung frisch gezogene Federn untersucht. Zur detaillierteren Beschreibung und schnelleren Suche finden sich im Literaturverzeichnis fachbezogene Veröffentlichungen unter den Autorennamen: Kosta, Rahaus, Sauer, Warburton.

Die beste Vorbeugung Optimale Hygiene in Voliere und Zuchtraum, Quarantänemaßnahmen neu erworbener Vögel und der PBFD-Test. Derzeit gibt es noch keine sichere Möglichkeit zur Behandlung. Mit dem Virus befallene Vögel sollen auf jeden Fall vom Restbestand isoliert werden, auch soll auf eine Zucht mit diesen und Weitergabe der Jungen verzichtet werden.

Agaporniden im Porträt

Obwohl Orangeköpfchen schon um 1606 entdeckt wurden, dauerte es bis zur wissenschaftlichen Erstbeschreibung noch anderthalb Jahrhunderte. Reformator der biologischen Systematik war Carl von Linné (1707–1778). Alle vor 1887 beschriebenen Agapornis-Arten wurden unter „*Psittacus*“ eingeordnet. Mit der Erstbeschreibung der Agaporniden mit weißen Augenringen durch Reichenow setzte sich der Gattungsname *Agapornis* durch.

Systematik und Verbreitung

Die systematische Einteilung wurde im Laufe der Zeit einige Mal geändert, nicht zuletzt durch die fortgeschrittenen Untersuchungsmethoden. Als Standardwerk gilt hier das „Handbook oft the Birds oft the World“. Dort werden die Agaporniden innerhalb der Ordnung Psittaciformes (353 Arten) der Familie Psittacidae, der Unterfamilie Psittacinae und der Gattungsgruppe Psittaculini als Gattung *Agapornis* zugeordnet.

Mit neun Arten ist diese Gattung recht übersichtlich und dennoch neben den Langflügelpapageien (*Poicephalus*) die innerhalb Afrikas am zweitstärksten vertretene Papageiengattung.

Art und Namensgebung

Bei den Arten ohne weißen Augenring werden zusätzlich Unterarten gebildet, siehe Artenbeschreibungen, während es im Bereich der Arten mit weißem Augenring in vergangener Zeit mehrfach unterschiedliche Ansichten zum Artstatus gab. So wurde teilweise von nur sechs Arten ausgegangen, die „Augenringarten“ fasste man unter *A. personata* zu vier Unterarten zusammen. Nach Peters gab auch der deutsche Ornithologe H. E. Wolters den vier Unterarten Artstatus und unterzog die wissenschaftliche Namensgebung aller *Agapornis*-Arten einer Neuerung, die inzwischen weltweit anerkannt ist. So werden die mit „a“ endenden Artennamen auf „us“ geändert. Hiervon ausgenommen ist *A. taranta*, da sich seine Namensgebung auf den Taranta-Pass in Äthiopien bezieht.

Hinweis Im deutschen Sprachgebrauch hat sich der Name „Unzertrennliche“ eingebürgert, im Englischen „Lovebirds“. Diese Bezeichnungen deuten auf den engen Paarzusammenhalt der Vögel hin und wurden schon bei der wissenschaftlichen Bezeichnung zugrunde gelegt: aus dem Griechischen: Agapornis für agapein = lieben und ornis = Vogel.

Erdbeerköpfchen leben vor allem in Landschaften, die die Flüsse Sambesi und Luangwa in Sambia, Simbabwe und Mosambik umgeben.

Freileben

Mit Ausnahme des Grauköpfchens *(Agapornis canus)* besiedeln alle *Agapornis*-Arten das afrikanische Festland südlich der Sahelzone. Die nördlichste Verbreitung erreicht der Tarantapapagei *(Agapornis taranta)* in Äthiopien und Eritrea, etwa 15 ° nördlicher Breite, die südlichste das Rosenköpfchen *(Agapornis roseicollis)* an der Grenze zwischen Namibia und Südafrika, etwa 30 ° südlicher Breite. Grauköpfchen sind auf der viertgrößten Insel der Welt beheimatet: Madagaskar liegt etwa 400 km östlich vor der afrikanischen Küste in Höhe von Mosambik. Die Vögel kommen auch noch auf einigen kleinen Inseln in der Nähe Madagaskars vor.

Der bevorzugte Lebensraum der Agaporniden ist relativ trocken und hat einen savannenartigen Charakter mit meist spärlichem Baumbestand. Die Vögel sind auf Wasser angewiesen und daher oft in der Nähe von Flussläufen oder zumindest Wasserlöchern anzutreffen. In den besonders ariden Gebieten unternehmen einige Arten zur Trockenzeit Wanderungen, um an Wasser zu gelangen. Ganz anders sieht der Lebensraum des Grünköpfchens *(Agapornis swindernianus)* aus. Diese kleinen grünen Vögel halten sich auch in dichten Tropenwäldern auf, ein Grund für die wenigen Erkenntnisse, die über diese Art existieren. Sie sind die einzige *Agapornis*-Art, die bisher nicht erfolgreich eingeführt wurde.

Gefährdungen Die großflächige Abholzung, besonders schlimm auf Madagaskar und in Äthiopien, hat die Vögel gezwungen, sich den neuen Verhältnissen anzupassen. So sind die meisten Arten auch oder sogar bevorzugt in der Nähe menschlicher Siedlungen anzutreffen. Teilweise werden sogar die Parks und Gärten größerer Städte besiedelt. Hier stehen oft noch die erforderlichen Brutbäume zur Verfügung, die in den landwirtschaftlich genutzten Bereichen längst zu Brennholz geworden sind.

Eine Art benötigt die Bäume nicht wegen ihrer Höhlen, sondern wegen der baumbewohnenden Termiten, die dort ihr kugelartiges Nest errichten. In diesen Termitenbau graben Orangeköpfchen *(Agapornis pullarius)* ihre Brutstätte und ziehen dort die Jungen auf. Diese Brutgewohnheit sollen auch die Grünköpfchen haben, allerdings stehen in ihrem Lebensraum ausreichend Bäume und Termitenbauten zur Verfügung.

Agaporniden ernähren sich im Freiland nicht nur von den Samen verschiedener Gräser und Kulturpflanzen, besonders begehrt sind die Knospen und Blüten verschiedener Baumarten, ebenso Früchte. Es ist nicht auszuschließen, dass die Vögel zumindest zur Brutzeit mit erhöhtem Eiweißbedarf auch Lebendfutter wie Larven und Insekten aufnehmen. Auf die jeweiligen Ansprüche an Lebensraum und Ernährung wird bei den Artenporträts eingegangen.

Grauköpfchen
Agapornis canus

Engl.: Grey-headed Lovebird, Madagascar Lovebird
Franz.: Inséparable à Tête grise
Span.: Inseparable Malgache

a) Grauköpfchen *(Agapornis canus canus)*

Erstbeschreibung: *Psittacus canus* Gmelin, 1788. Benannt nach der grauen Kopffärbung, Herkunft der beschriebenen Vögel: Madagaskar und Mauritius.

Beschreibung: Größe 13 bis 14 cm, Gewicht 25 bis 32 Gramm.
Adultes Männchen: Die graue Färbung breitet sich vom Kopf bis in den Nacken über die Halsseiten bis zur Brust aus, im Bereich der Ohrdecken mit einem leichten „schmutzigen" Anflug. Der Übergang zwischen Brust und hellgrünem Bauch ist klar abgegrenzt, die hellgrüne Färbung erstreckt sich an der Schwanzunterseite bis zur Spitze. Rücken und Flügel sind dunkelgrün, wobei die Handschwingen schwarz gesäumt sind. Unterrücken, Bürzel und Schwanz sind deutlich heller grün, an der Schwanzspitze befindet sich ein schwarzes Querband. Das schwarze Auge wird von der dunkelbraunen Iris umschlossen, diese wiederum von einem schmalen, unbefie-

Junge Grauköpfchen erkunden potenzielle Nisthöhlen, hier in West-Madagaskar, gemeinsam in der Gruppe.

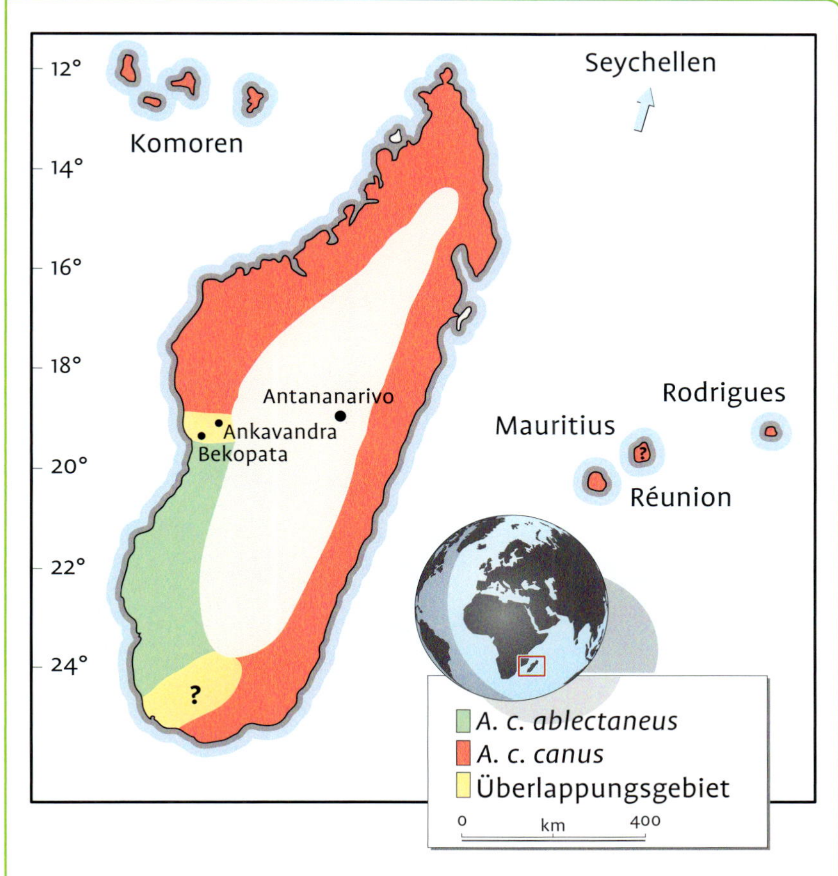

Das Verbreitungsgebiet des Grauköpfchens *Agapornis canus.*

derten Augenring. Der hell hornfarbene Schnabel wirkt klein und eingezogen. Die ausgeprägten Hornschuppen der Beine und Füße sind leicht hornfarbig grau, in der Färbung etwa zwischen Schnabel und Kopf, die Krallen graubraun.

Adultes Weibchen: Bis auf die grauen Bereiche entspricht die Färbung des Weibchens weitgehend dem des Männchens. Kopf, Nacken und Hals sind dunkelgrün, im Bereich des Gesichtes mit einem leichten graubraunen Anflug, von der Kehle abwärts hellgrün. Der Schnabel ist etwas dunkler als beim Männchen und kann als leicht bleigrau bezeichnet werden.

Juvenile Vögel: Ausgeflogene Jungvögel gleichen sehr stark den Altvögeln. Bei den Männchen ist die Graufärbung noch nicht so klar und im Hinterkopf- und Nackenbereich, teilweise sogar grünlich. Der Schnabel ist heller als bei Altvögeln, fast gelblich, mit dunkler Basis.

Zwei junge Männchen des Grauköpfchens mit bereits wunderschön gefärbtem Kopf schauen aus der Bruthöhle, während die Mutter „auf dem Balkon" wacht. Drei Tage nach dieser Aufnahme flogen sie erstmals aus (West-Madagaskar).

Die Unterstellung, junge Männchen im Freiland würden mit nahezu grünem Kopf das Nest verlassen, können wir klar widerlegen (siehe Bild oben). Eine Brut, die wir über mehrere Tage im Nordwesten Madagaskars beobachten konnten, ergab ein ganz anderes Bild. Zwei der vier Jungen waren Männchen und zeigten eine absolut saubere hellgraue Kopfzeichnung, lediglich der Nackenbereich wies einen hellgrünen Übergang auf. Am fünften Tag der Beobachtung verließen die Jungen erstmals die Bruthöhle, es ist also auszuschließen, dass sie schon älter waren und das Nest nur als Ruheplatz nutzten.

Verbreitung: Ursprünglich nur auf Madagaskar und Mauritius verbreitet, kommen die Vögel heute auf weiteren umliegenden Inseln vor. Die nördlichsten Vorkommen, in nur noch geringer Anzahl, sind auf den Seychellen zu verzeichnen, im nordwestlichen Bereich werden die Komoren besiedelt, im östlichen Réunion und Rodrigues. Von Mauritius gab es lange keine Sichtmeldungen mehr, sodass man davon ausgeht, dass die Population hier erloschen ist. Wahrscheinlich gilt dies auch für die Insel Sansibar.

Auf dem Festland von Madagaskar bewohnen Grauköpfchen der Nominatform mit Ausnahme des Südwestens die Insel umlaufend. Die Hochebenen mehr als 1200 m ü. NN meiden sie. Die Vögel bevorzugen trockenes Busch- und lockeres Waldland, in den feuchten Tropenwäldern sind sie höchst selten zu finden. Daher nimmt ihr Bestand nach Osten hin ab.

Ein junges Grauköpfchen-Weibchen an einer anderen Nisthöhle, sehr schön ist die Schwanzbänderung bei dieser Art zu erkennen.

b) Bangs Grauköpfchen *(Agapornis canus ablectaneus)*

Erstbeschreibung: *A. c. ablectanea* Bangs, 1918, nach Fängen in Süd-Madagaskar.

Beschreibung: Abweichend von *A. c. canus* trägt die grüne Gefiederfarbe einen leichten bläulichen Anflug und ist etwas dunkler. Das Grau des Männchens erscheint intensiver.
Verbreitung: Auch diese Unterart bevorzugt die niedrigeren Höhenlagen bis zum Küstenbereich. An der westlichen Küste Madagaskars soll das Verbreitungsgebiet etwa bei den Städten Bekopata und Ankavandra, 19° südlicher Breite beginnen und führt entlang der Küste bis an die Südspitze der Insel. In beiden Bereichen gibt es Überschneidungen mit dem Verbreitungsgebiet der Nominatform.

Grauköpfchen in ihrem Lebensraum

Von allen *Agapornis*-Arten mussten wahrscheinlich die Grauköpfchen die größte Veränderung ihres Lebensraumes erfahren. Innerhalb eines Jahrhunderts gingen durch Holzeinschlag und Brandrodung auf Madagaskar mehr als 80 % des Waldes verloren. Erstaunlich ist, dass sie sich in dieser kurzen Zeit mit den veränderten Bedingungen abgefunden haben, ohne dass der Bestand bedrohlich geschrumpft wäre. Sie haben sich zu Kulturfolgern ent-

Ein männliches Grauköpfchen in Kondition und Farbe, so wie es sich nicht nur ein Ausstellungszüchter vorstellt.

wickelt und in den Feldern vorwiegend mit Reisanbau neue Nahrungsquellen erschlossen. Da Grauköpfchen als Ernteschädlinge betrachtet und gnadenlos verfolgt werden, zeigen sie allgemein eine sehr hohe Fluchtdistanz.

Klima

In der westlichen Küstenregion Madagaskars herrscht ein sehr trockenes und heißes Klima mit jährlichen Niederschlägen von nur etwa 500 mm, das tropische Klima des Südäquatorialstromes sorgt dagegen im Nordosten für bis zu 4000 mm Niederschlag. Von Osten nach Westen verändert sich die Flora vom Regenwald über die Feuchtsavanne und die Trockensavanne bis hin zur Dornstrauchsavanne.

Ernährungsweise

Affenbrotbäume *(Adansonia* ssp.*)* und Madagaskarpalmen *(Pachypodium lamerei)* in lockerem Bestand der Gras- und Dornsavanne mit der typischen Sukkulenten-Flora *(Didieracen* ssp.*)* prägen im Westen der Insel das Bild. Hier suchen die Vögel nach verschiedenen Grassamen, wenn sie sich nicht in den Reis- und Mangoplantagen aufhalten.

Fortpflanzung

Im Oktober oder November, bereits gut einen Monat vor Beginn der kurzen Regenzeit im Westen, beginnen Grauköpfchen mit dem Brutgeschäft. Da in Bereichen mit gutem Nahrungsangebot wie in Kulturland die möglichen Nisthöhlen in alten Bäumen sehr selten sind, besetzen die Paare diese möglichst früh und verteidigen sie energisch. Wie bei allen *Agapornis*-Arten ist über die Brutbiologie im Freiland nur wenig bekannt. Die von uns beobachtete Brut war erst Mitte März begonnen worden, da die Jungen am 17. Mai ausflogen. Hierbei war das Verhältnis der Geschlechter zwar ausgegli-

Bei Grauköpfchen sind die Geschlechter optisch eindeutig zu erkennen, dem Weibchen fehlt die graue Kopfzeichnung.

chen, doch in den umher fliegenden Trupps zwischen fünf und 15 Vögeln ließ sich ein teilweise erheblicher Männchenüberschuss festzustellen.

Grauköpfchen in menschlicher Obhut

Vorreiter der Grauköpfchenhaltung war wie bei vielen Vogelarten der Londoner Zoo. Dort sollen 1860 mehrere Paare gelebt haben. Die Welterstzucht im Jahr 1872 wurde Karl Ruß zugeschrieben. Gegen Ende des 19. Jahrhunderts begannen regelmäßige Importe, zunächst von dem dafür bekannten Karl Hagenbeck. Nach dem ersten Drittel des 20. Jahrhunderts stagnierten die Importe aufgrund von Ausfuhrverboten Madagaskars. Diese wurden aber später gelockert und so fanden zwischen 1970 und 1990 wieder in geringem Ausmaß Importe statt.

Haltung

Wie bei kaum einer anderen *Agapornis*-Art gehen die Erfahrungen bezüglich Haltung, Verträglichkeit und Scheuheit der Tiere bei den Vogelliebhabern weit auseinander. 1981 zogen bei uns die ersten Grauköpfchen, deutsche Nachzuchten, ein. Sie erwiesen sich, wie zu der Zeit überwiegend der Fall, als scheu und schreckhaft, mit dem Hang zum Toben und Schreien. Inzwischen gibt es aber Zuchtstämme, die dieses negative Image abgelegt haben und sogar in Zimmervolieren untergebracht werden können, ohne den häuslichen Frieden zu stören.

Die paarweise Haltung in Boxen oder Kleinvolieren, die nur vorn vergittert sind, verspricht bei Zuchtabsicht den größten Erfolg. Bei uns haben sich dabei Abteile mit einer Größe von 120 bis 160 cm Länge, 50 bis 70 cm Tiefe und etwa 125 cm Höhe hervorragend bewährt. Es gibt aber auch Liebhaber, die Grauköpfchen zu mehreren Paaren vergesellschaftet in größeren Innen- und Außenvolieren züchten, sind jedoch eher die Ausnahme.

Ernährung

Der Vielfalt des Futterangebotes gegenüber zeigen sich Grauköpfchen meist etwas wählerisch. So nehmen sie aus der üblichen Mischung für Agaporniden vorwiegend die kleineren Saaten auf. Mit einer Zusatzmischung aus kleinen Hirsearten, Glanz und viel Grassamen kann man den Vögeln entgegen kommen, auch sollte mit Kolbenhirse nicht gespart werden. Besonders gern fressen sie Gräser mit halbreifen Samen, halbreifen Hafer und Grünzeug, hier in erster Linie Löwenzahnblätter und -samenstände. Nach einer gewissen Gewöhnungszeit finden auch Äpfel, Birnen und verschiedene Beeren ihren Zuspruch. Dennoch sollte die übliche Agapornidenmischung ständig angeboten werden.

Nestbau

Nach dem Orangeköpfchen werden Grauköpfchen am wenigsten in Menschenobhut nachgezogen. Teilweise schreiten die Vögel zur Brut, doch ist die Schlupfrate aufgrund abgestorbener oder beschädigter Eier gering. Das trifft besonders bei Paaren zu, die ihre Zurückhaltung gegenüber dem Pfleger noch nicht abgelegt haben. Abhilfe kann hier, abgesehen vom ruhigen Umgang mit den Vögeln, ein **Nistkasten** schaffen, der **von außen** an die Voliere **angebracht** wird. Dieser Kasten sollte ein längliches Querformat aufweisen und die Kontrolltür an der Stirnseite hinter der Nestmulde haben. So kann das Weibchen nach vorn zum Einschlupfloch fliehen, es wird bei einer Nachschau nicht wie bei Hochformatkästen über dem Gelege toben und die Eier beschädigen. Das Gleiche gilt, wenn das Weibchen sich aus der Voliere in den Nistkasten begibt.

Grauköpfchen bauen ein umfangreiches, allerdings nicht überdachtes **Nest**, wenn ihnen ausreichend Material zur Verfügung steht. Bei uns haben sich **Rhododendronblätter** bestens bewährt. Andere Züchter haben gute Erfahrungen mit **Kirschlorbeer** gemacht. Die Blätter werden vom Weibchen mit dem Schnabel zu sichelartige Streifen getrennt und in Rücken- und Bürzelgefieder gesteckt. Anders als beim Tarantapapagei stecken sie große Mengen des Materials ein, sodass das Weibchen wie ein Brennholzsammler aussieht. Einige dieser Stücke fallen im Flug und am Einschlupfloch heraus, doch bleiben genug für einen Nestbau übrig, da sie den Transport unermüdlich durchführen. Im Nest werden die Blattstreifen teilweise weiter zerkleinert und bilden eine gute **Unterlage** für das Gelege. Trotzdem sollte eine **Mulde** in den Kastenboden eingearbeitet sein.

Da die Kopulationen häufig wiederholt werden, auch im Nistkasten, sind unbefruchtete Eier bei einem harmonierenden Paar selten. Die **Gelegegröße** liegt wesentlich höher als in der Natur, bis zu sechs, sogar sieben Eier sind keine Seltenheit. In der Literatur werden die Eigrößen mit 19 × 17 mm recht groß angegeben, wir haben aus 28 vermessenen Eiern ein Durchschnittsmaß von 18,5 × 14,8 mm ermittelt.

Brut und Aufzucht

Vom zweiten Ei an wird gebrütet, der **Schlupf** erfolgt nach 21 bis 22 Tagen. Die Jungen sind gegenüber denen anderer *Agapornis*-Arten sehr klein und tragen ein relativ dichtes weißliches Dunenkleid.

Bei der ersten Brut eines neu zusammengestellten Paares kann es durchaus passieren, dass die ersten Jungen nicht angefüttert werden, doch nach einer Lernphase ist dieses Problem meist behoben. Entsprechend der geringen Körpermasse ist auch die Ringgröße mit 3,8 mm die kleinste bei

Agaporniden. Je nach Ernährungszustand muss die **Beringung** zwischen dem 10. und 14. Lebenstag der Jungen vorgenommen werden. Schon im Alter von etwa drei Wochen kann im Idealfall das **Geschlecht** der Jungen bestimmt werden. Stirn und Kopf der Männchen zeigen bereits eine zunächst noch schmutzig grau wirkende Färbung, bei Weibchen sind diese Partien dunkel graugrün. Bei uns war leider fast immer ein Überschuss an jungen Männchen zu verzeichnen, es soll aber auch Bestände (oder andere Haltungsformen?) geben, bei denen dies nicht der Fall ist.

Zwischen dem 37. und 40. Lebenstag verlassen die Jungen erstmals das Nest, gehen zum Schlafen aber wieder hinein. Wird keine Folgebrut begonnen, können die Jungen noch einige Zeit bei den Eltern verbleiben, in größeren Volieren sogar mehrere Monate.

Mutationen

Das gelbe Grauköpfchen, das 1989 in den USA auftauchte, lässt berechtigte Zweifel darüber zu, ob es eine Mutation oder eine Modifikation war, zumal die Gelbfärbung erst nach der Jugendmauser auftrat. In Belgien wird seit wenigen Jahren eine Mutation „pallid" nachgezogen (siehe Seite 139).

Orangeköpfchen
Agapornis pullarius

Engl.: Red-headed Lovebird, Red-faced Lovebird
Franz.: Inséparable à tête rouge
Span.: Inseparable Carirrojo

a) Orangeköpfchen *(Agapornis pullarius pullarius)*

Erstbeschreibung: *Psittacus pullarius* Linnaeus (Linné), 1758.

Beschreibung: Größe 13 bis 15 cm, Gewicht 35 bis 45 g.
Adultes Männchen: Die grüne Grundfarbe des Gefieders ist im Brust- und Bauchbereich heller als an der Oberseite. Flügelbug und Unterflügeldecken sind schwarz, der Rand im Bugbereich blau, hell auslaufend. Die Schwingen sind schwarzbraun mit grünem Außenrand, der Bürzel hellblau. Die

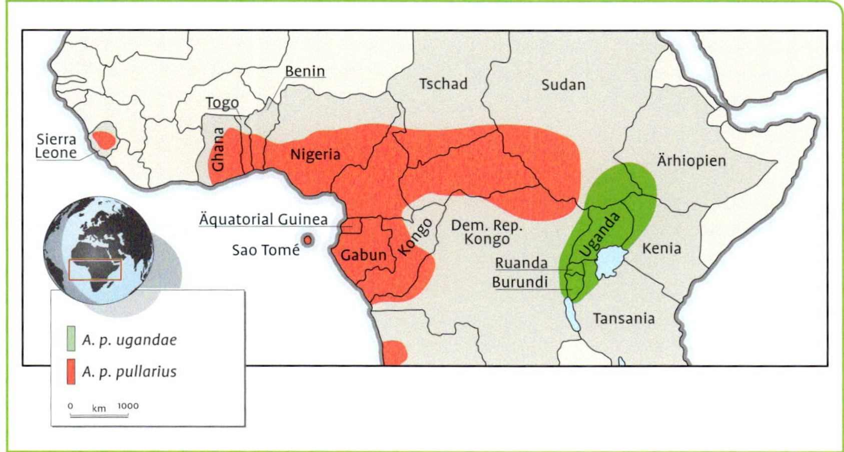

Das Verbreitungsgebiet des Orangeköpfchens *Agapornis pullarius.*

mittleren Schwanzfedern sind hellgrün und laufen leicht gelblich aus, die seitlichen tragen einen roten Fleck mit einer schwarzen Querbinde vor dem gelblichen Ende. Vorderkopf, Gesicht und Kehle weisen eine kräftig orangerote Färbung auf, ebenso der Oberschnabel, der Unterschnabel ist wesentlich heller und tendiert zu hornfarbig. Das dunkelbraune Auge wird von einem sehr schmalen grauen Ring umschlossen, der im befiederten Bereich in eine weißlich gelbe Färbung übergeht. Die Füße sind graubraun mit dunkelbraunen Krallen.
Adultes Weibchen: Die Grünfärbung tendiert zu einem ganz leichten Gelbgrün. Die Gesichtsmaske ist im Regelfall etwas heller als beim Männchen, kann aber so weit aufgehellt sein, dass sie fast gelb erscheint, die Variabilität ist hier sehr groß. Sicheres Unterscheidungsmerkmal sind der grüne Flügelbug und die grünen Unterflügeldecken. Der beim Männchen blaue Bugrand ist beim Weibchen grün und läuft mit einer schmalen Kante gelb aus.
Juvenile Vögel: Jungvögel gleichen stark dem Weibchen, wobei alle Farben etwas blasser sind. Der Schnabel ist gelblich und trägt an der Wurzel den für Jungvögel der Gattung typischen schwarzen Fleck, der aber wesentlich langsamer zurückweicht als bei anderen Arten. Die Geschlechtsbestimmung aufgrund der Unterflügeldecken ist nicht immer ganz einfach, da bei einigen Jungvögeln eine eher graue Färbung festzustellen ist, doch spätestens nach einigen Monaten sind die typischen Merkmale zu sehen.
Verbreitung: Orangeköpfchen haben das größte Verbreitungsgebiet aller *Agapornis*-Arten. Es beginnt im Westen Afrikas in Guinea und Sierra Leone und zieht sich im Osten bis in die Demokratische Republik Kongo (Zaire) und Südwest-Sudan, die südwestlichste Verbreitung liegt im nördlichen Angola.

b) Uganda-Orangeköpfchen *(Agapornis pullarius ugandae)*

Erstbeschreibung: *A. p. ugandae* Neumann, 1908.

Eine Unterscheidung von der Nominatform ist nicht einfach, die geringen Abweichungen der Maße liegen im Millimeterbereich und dürften in der Praxis kaum festzustellen sein. Einziger Hinweis soll die hellere Blaufärbung im Bürzelbereich sein. Von uns begutachtete Vögel eines Importes aus Uganda wiesen keine eindeutigen Unterschiede zur Nominatform auf. Da mit weiteren Importen wohl kaum noch zu rechnen und so die Bestimmung aufgrund des Herkunftslandes nicht mehr durchzuführen ist, bleibt es höchst ungewiss, welche Unterart sich, wenn es sie überhaupt gibt, in Menschenobhut befindet. Hinzu kommt, dass es sehr wahrscheinlich bereits zu Vermischungen gekommen ist.
Verbreitung: Das Verbreitungsgebiet von *A. p. ugandae* soll an das der Nominatform anschließen, beginnend im Osten der Demokratischen Republik Kongo, mit Verlauf über Südost-Sudan und Uganda nordwärts bis Südwest-Äthiopien und eventuell bis in die westlichen Landesteile von Kenia und Tansania. Ruanda und Burundi werden von den Vögeln ebenfalls frequentiert.

Links: Freilandaufnahme eines männlichen Orange-köpfchens in Uganda (Foto Karl-Heinz Lambert).

Rechts: Das dazu gehörende Weibchen (Foto Karl-Heinz Lambert).

Orangeköpfchen in ihrem Lebensraum

Orangeköpfchen leben meist paarweise und in Familienverbänden, größere Ansammlungen sind bisher nicht beobachtet worden. Trotz des riesigen Verbreitungsgebietes wird der Bestand auf nicht wesentlich mehr als 1.000.000 Individuen geschätzt. Die Vorkommen sind teilweise inselartig voneinander getrennt, da die Vögel den dichten tropischen Regenwald meiden, der in großen Bereichen ihres Verbreitungsgebietes noch vorkommt. Bevorzugte Lebensräume sind buschartige Savannen mit geringem Baumbestand, aber auch Ränder und Lichtungen etwas dichterer Waldgebiete. Weideflächen, Kulturland und kleinere menschliche Siedlungen werden ebenfalls aufgesucht. Die meisten Bereiche des Verbreitungsgebietes liegen unterhalb von 1200 m über NN, nur im Osten wurden die Vögel auch schon in Höhenlagen um 2000 m gesehen.

Ernährungsweise

Abgesehen von den Hirsefeldern und Obstplantagen suchen Orangeköpfchen ihre Nahrung bevorzugt auf Grasflächen. Die teilweise sehr kleinen Samen werden zeitaufwendig in Bodennähe gesammelt. Im Busch- und Baumbereich stehen als Nahrung verschiedene Beeren und Feigenarten zur Verfügung.

Fortpflanzung
Erschwerend für eine Brut ist die Gewohnheit der Orangeköpfchen, ihre Nisthöhlen in die Bauten der baumbewohnenden Termiten zu graben, nur ausnahmsweise nutzen sie die riesigen Bauten bodenbewohnender Termiten. Diese Nistplatzwahl hat den Vorteil, dass die Temperaturschwankungen dort wesentlich geringer sind als in Baumhöhlen. Obwohl die Temperatur in Termitenbauten nahezu konstant bei 30 °C liegt, trifft dies für den Nestbereich nicht zu, da die als „Klimaanlage" funktionierenden Lüftungskanäle des Termitenbaus in diesem Bereich unterbrochen sind. Über die weiteren Brutgewohnheiten in der Natur liegen kaum Erkenntnisse vor, Angaben über Gelegegröße, Brutdauer und Nestlingszeit basieren größtenteils auf Bruten in Menschenobhut.

Orangeköpfchen in Menschenobhut
Orangeköpfchen sind wahrscheinlich die zuerst entdeckte *Agapornis*-Art überhaupt. 1605 wurden die Vögel von Carolus Clusius erwähnt. Wir konnten ein Gemälde Peter Binoit, 1620, im Landesmuseum von Mainz entdecken, das einen Blumenstrauß zeigt, an dessen Seite ein Paar Orangeköpfchen von einem Granatapfel frisst. Um 1700 soll die Ersteinfuhr stattgefunden haben, die wissenschaftliche Beschreibung erfolgte 1758 durch Linné.

Bereits im 19. Jahrhundert kam es zu regelmäßigen Einfuhren, von Brutversuchen aus dieser Zeit ist nichts bekannt. Der zumindest für Deutschland erste, dokumentierte Zuchterfolg gelang E. Spille um 1900. Selbst Helmut Hampe, der im vergangenen Jahrhundert als bekanntester und erfolgreichster Agaporniden-Fachmann angesehen wurde, errang nur einen Teilerfolg. Ein kleiner Durchbruch fand in Deutschland dann im letzten Drittel des 20. Jahrhunderts statt, mit erfolgreichen Bruten unter anderem bei Blome, Wogawa, Feuser und Lietzow. Um die Jahrtausendwende wurde es dann wieder etwas stiller. Das scheint sich glücklicherweise seit etwa 2004 zu ändern, so ist eine Handvoll deutscher Züchter inzwischen wieder erfolgreich.

Die AZ-Nachzuchtstatistik für 2008, die noch nicht ganz abgeschlossen ist, weist bisher 42 Nachzuchtvögel auf. Es bleibt zu hoffen, dass zumindest kleine Stämme aufgebaut werden können, denn aufgrund der Einfuhrsperre würden diese Vögeln sonst bald aus unseren Volieren verschwinden.

Haltung
Bedingt durch die Tatsache, dass Orangeköpfchen noch nicht über Vogelgenerationen an unser Klima gewöhnt sind und sie aus Äquatornähe, +/− 10° Nord/Süd, stammen, sollte eine Unterbringung im **Innenraum** stattfinden. Zumindest während der Brutzeit sind Raumtemperaturen unter 20 °C von Nachteil. Ausflüge in die **Freivoliere** sind durchaus möglich, wenn sich die Vögel jederzeit wieder in den Innenraum zurückziehen können. Alle derzeitigen Bruterfolge fanden in Zimmervolieren statt. Die Grundfläche schwankte zwischen 120 × 120 cm und 180 × 70 cm bei nahezu Raumhöhe. Es hat sich bewährt, die Voliere mit **Zweigen** unterschiedlicher Dicke auszustatten. Bei uns bevorzugten die Vögel mehr als alle anderen Agaporniden sehr dünne Zweige als Sitz- und Schlafplätze.

Die wunderschönen Orangeköpfchen gehören nur in die Hände von Spezialisten.

Ernährung

Wenn auch Orangeköpfchen mit den in heutiger Zeit zur Verfügung stehenden Futtermitteln gut ernährt werden können, bleibt doch zu bemerken, dass sie sehr eigenwillig sind, was die Vielfalt des Futters angeht. Selbst innerhalb der Art variiert die Akzeptanz verschiedener Nahrungsbestandteile stark. So hatten wir Vögel, die sich zu fast 80 % von Kolbenhirse, Äpfeln und Feigen ernährten. Weitere **Obst- und Gemüsesorten** wie Birne, Möhren, Banane und Chicorée fanden unterschiedlichen Anklang. Löwenzahnblätter und halbreife Gräser verschiedener Arten werden dagegen fast ausnahmslos akzeptiert.

An **Saaten** wurden bevorzugt die **kleinkörnigen** wie Senegalhirse, Mannahirse, Nigersaat und Grassamen aufgenommen. Auch wechselt die Vorliebe für einzelne Saaten oft von einem Tag auf den anderen. Gerade bei diesen Vögeln ist der Halter immer wieder gefordert, sich den Gewohnheiten der Pfleglinge anzupassen.

Nestbau

Trotz der erfreulichen Erfolge der letzten Jahre bleiben Orangeköpfchen weiterhin die Sorgenkinder der Gattung *Agapornis*. Schaut man sich die AZ-Nachzuchtstatistiken der letzten 20 Jahre an, so wurden mit Ausnahme von 2008 Orangeköpfchen lediglich in wenigen Jahren gezüchtet und nur in geringen Stückzahlen.

Hauptgrund ist natürlich das geringe Vorkommen an Paaren dieser Art. Ein weiterer Grund liegt in den **Brutgewohnheiten** der Vögel. Dieses Problem der nicht vorhandenen Termitenbauten kann jedoch mit Unterstützung der heutigen Technik durch entsprechende Nistgelegenheiten gelöst werden. Erste Versuche im vorigen Jahrhundert unter anderem bei Hampe begannen damit, dass verschiedene Behältnisse mit Torf oder einer Lehmfüllung versehen wurden. Bei uns haben sich diese Baustoffe, wie auch Blumensteckschaum, Styropor, Hobelspäne-Leimmischungen oder Gasbetonsteine nicht bewährt. Der Durchbruch kam erst bei Kästen, die mit dicken **Baukork-Platten** gefüllt waren. Dieses Material hat den Vorteil, dass es vom Vogelschnabel gut zu bearbeiten ist, auch oberhalb der genagten Gänge stabil bleibt und eine gute Dämmung gewährleistet.

Die Größe des **Kastens** wird teilweise überschätzt. So verwendeten auch wir zunächst Kästen mit über 40 cm Länge. Es stellte sich jedoch im Laufe der Zeit heraus, dass Kastengrößen von 30 × 17 × 20 cm (L × B × H) vollkommen ausreichen. Das vorgegebene **Einschlupfloch** sollte in der Seitenwand am Kastenende liegen. Die Vögel graben gewöhnlich geradeaus bis an die Rückwand, knicken dann um 90° ab und bauen die **Bruthöhle** am Kastenende. Der Gang verläuft zunächst etwas ansteigend, um dann zur eigentlichen Höhle abzufallen. Entgegen Aussagen anderer Züchter trugen unsere Vögel kein nennenswertes Baumaterial ein.

Diese bevorzugte Bauart sollte berücksichtigt werden, um eine Kontrollöffnung und eventuell eine **Heizplatte** an richtiger Stelle anzuordnen. Bei Bruten in den Wintermonaten, trotz Zuchtraumtemperatur von 20 °C hatten wir diese Heizplatten im Einsatz. Wird die Heizung nicht über Fühler und Thermostat gesteuert, sind im Vorfeld „Trockenversuche“ zu fahren, um die richtige Einstellung zu finden. Die Temperatur sollte erst nach dem Schlupf der Jungen bis auf etwa 26 °C hochgestellt werden, höhere Temperaturen sind nicht erforderlich, für die Austrocknung von Eiern und Jungvögeln sogar negativ.

Seltener Zuchterfolg mit Orangeköpfchen. Die drei Jungen sind deutlich am schwarzen Fleck des Oberschnabels zu erkennen.

Die **Eiablage** erfolgt wie auch bei den anderen Arten in zweitägigem Abstand. Mit drei bis fünf Eiern ist das Gelege vollständig. Aufgrund der oft schwierigen Zugänglichkeit zur Nestmulde wurden nur 15 Eier vermessen, die Durchschnittsgröße lag bei 20,5 × 16,7 mm. Mit einem Verhältnis von Länge zu Durchmesser von 1,23:1 wirken sie kugeliger als andere Agapornideneier. Als **Brutdauer** konnten wir im Mittel 22 Tage feststellen.

Brut und Aufzucht

Junge Orangeköpfchen wirken aufgrund der sehr spärlichen, fast weißen Dunen gegenüber anderen Jungen der Gattung fast nackt. Zwischen dem 10. und 14. Lebenstag, je nach Ernährungszustand, sollte möglichst eine geschlossene **Beringung** mit 4,0 mm-Ringen vorgenommen werden, wenn der Zugang zur Nestmulde dieses erlaubt. Gerade jetzt nach dem Importverbot ist es wichtig, die Legalität der Vögel durch den geschlossenen Ring zu dokumentieren. Im Alter von 15 bis 18 Tagen treten die ersten grünen Federchen aus den Kielen, mit knapp fünf Wochen sind die Jungen nahezu voll befiedert. Zwischen dem 40. und 42. Lebenstag verlassen sie das schützende Nest. Bei uns gab es keinen einzigen Fall, in dem die Jungen den Nistkasten wieder aufgesucht haben, doch auch hier gibt es gegenteilige Aussagen.

Bereits einige Tage nach dem **Ausfliegen** können die Jungen bei der Futteraufnahme beobachtet werden, wobei dies anfangs mehr spielerisch geschieht. Sie werden noch mindestens zwei bis drei Wochen von den Eltern gefüttert. Auch hier gilt, die Jungen so lange wie möglich in der elterlichen Voliere zu belassen. Bei den ersten Beobachtungen von Aggressivität der Altvögel allerdings sind die Jungen zu separieren. Meist wird nur eine Jahresbrut durchgeführt. War die erste Brut nicht erfolgreich oder wurde nur ein Jungvogel aufgezogen, kommt es auch zu einer Anschlussbrut.

Mutationen

Angeblich soll es schon Lutino-Orangeköpfchen gegeben haben, es liegen aber keine ausführliche Dokumentationen vor.

Tarantapapagei
Agapornis taranta

Engl.: Black-winged Lovebird
Franz.: Inséparable d' Abyssinie
Span.: Inseparable Abisinio

Synonym: Bergpapagei, Taranta-Unzertrennlicher, Tarantiner.
Erstbeschreibung: *Psittacus taranta* Stanley, 1814. Benennung nach dem Taranta-Pass im Äthiopischen Hochland. Die von Neumann 1931 beschriebene Unterart *A. t. nana* wird heute allgemein nicht mehr anerkannt.

Beschreibung: Im Freiland etwa 16 cm groß, Weibchen nur unwesentlich kleiner. Durch Zuchtselektion sind auf den Ausstellungen Vögel mit einer Größe von 17 cm und mehr nicht selten. Gewicht zwischen 50 und 65 g.
Adultes Männchen: Die Grundfarbe des Gefieders ist kräftig grün, im Brustbereich etwas heller, am Hals mit einem leichten gelblichen Anflug. Deutlich heben sich die schwarzen Handdecken von der Grundgefiederfarbe ab (engl.: Black-winged), im Bereich der Handschwingen gehen sie in schwarzbraun über, an den Unterflügeldecken in schwarz. Die vom Bürzel her hellgrünen Schwanzfedern sind an der Schwanzspitze mit einer breiten schwarzen Querbinde versehen. Schnabel, Stirn, vorderer Oberkopf, Augenring und Zügel sind kräftig rot, die Iris schwarzbraun. Füße und Krallen weisen eine dunkelgraue Färbung auf wobei die Krallenflanken bräunlich wirken.
Adultes Weibchen: Grundfarbe wie beim Männchen, an den Unterflügeldecken jedoch graubraun. Mit Ausnahme des roten Schnabels fehlen alle roten Gefiederpartien, sie werden durch grün ersetzt, am Augenring durch hellgrün.
Juvenile Vögel: Nach Verlassen des Nestes gleichen die Jungen im Wesentlichen dem Weibchen, wobei der Schnabel sich noch gelblichbraun mit einer

Freilandaufnahme eines weiblichen Tarantapapageis beim Verzehr von Samen aus Rispen der von ihrer Urform her aus Äthiopien stammenden Sorghum-Hirse.

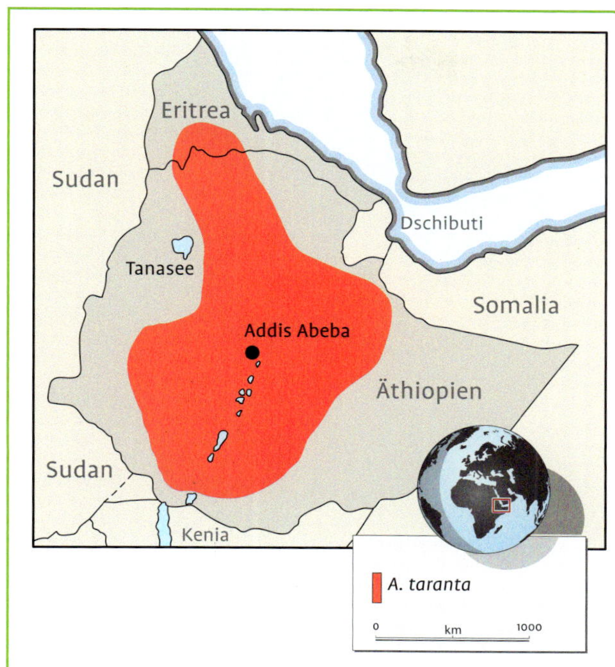

Verbreitungsgebiet des Tarantapapageis *Agapornis taranta.*

fast schwarzen Basis zeigt. Zu diesem Zeitpunkt kann das Geschlecht aber schon mit hoher Wahrscheinlichkeit an den schwarzen Unterflügeldecken der Männchen bestimmt werden. Erste rote Federchen im Stirn- oder Zügelbereich sind im Alter von 15 bis 18 Wochen festzustellen, in Ausnahmefällen auch schon wesentlich früher, die Ausfärbung ist meist mit sieben bis acht Monaten abgeschlossen.

Verbreitung: Die nördlichste Verbreitungsgrenze liegt im Süden von Eritrea (etwa 15° N), keine andere Art der Gattung dringt so weit nach Norden vor. Von Eritrea aus sind die Vögel im fast gesamten Hochland von Äthiopien bis an die südliche Landesgrenze zu Kenia beheimatet. Vorkommen unter 1500 m über NN sind äußerst selten, ebenso Höhenlagen über 3000 m. Neumann beschrieb 1931 die Unterart *A. t. nana*, die ihr Verbreitungsgebiet südlich der äthiopischen Hauptstadt Addis Abeba bis zur kenianischen Grenze haben sollte. Der Unterschied soll darin liegen, dass sie kleinere Schnäbel und kürzere Flügel als die Nominatform hat, auch soll die Körpergröße geringer sein. Allgemein wird diese Unterart nicht mehr anerkannt. Eigene Freilandbeobachtungen in Äthiopien lassen zumindest in der Praxis keine offensichtlichen Größenunterschiede erkennen.

Tarantapapageien in ihrem Lebensraum

Obwohl Äthiopien keinen Zugang zum Meer hat, erstreckt sich seine Höhenlage von NN, an der tiefsten Stelle im Grabenbruch sogar 200 m unter NN, bis hinauf auf 4620 m. Diese gewaltigen Höhenunterschiede sind durch das Rift-Valley, den afrikanischen Grabenbruch, bedingt.

In den unteren Lagen des Verbreitungsgebietes wurden die ursprünglichen Waldgebiete schon vor Jahrzehnten nahezu abgeholzt, nur noch inselartige Wälder mit Affenbrotbaum *(Adansonia digitata)*, Ringelhülsenakazie *(Acacia tortilis)*, Kosobaum *(Hagenia abyssinica)*, verschiedenen

Feigenbäumen *(Ficus* ssp.*)* und Wacholder *(Juniperus procera)* zwischen den extensiv genutzten landwirtschaftlichen Anbaugebieten lassen erahnen, wie es hier einmal ausgesehen hat. Angebaut werden vorwiegend Weizen, Mais und Hirse, besonders die Zwerghirseart Teff *(Eragrostis abyssinica)*. In den Dörfern und kleinen Städten blieben schattenspendende Bäume erhalten, hier hat sich der Tarantapapagei zum Kulturfolger entwickelt und findet ausreichend Wasser und Nahrung.

Linke Seite:
Seltene Freilandaufnahme eines männlichen Bergpapageis an der Bruthöhle.

Ernährungsweise

Tarantapapageien können als Nahrungsgeneralisten bezeichnet werden. Wir konnten die Vögel beim Verzehr recht unterschiedlicher Futterarten beobachten. Von der Maispflanze *(Zea mays)* werden nicht nur die Samen, die Maiskörner aufgenommen, besonders begehrt scheinen die Pollen in den Rispen der männlichen Blüten zu sein. Die Ringelhülsenakazie *(Acacia tortilis)* bietet den Vögeln Blütenstände und in den gekrümmten Hülsen Samen mit 4 bis 7 mm Durchmesser. Früchte verschiedener Feigenarten *(Ficus* ssp.*)* bearbeiten die Vögel mit dem kräftigen Schnabel und verzehren sie bereits in halbreifem Zustand. In größeren Höhenlagen sind Wacholdersträucher *(Juniperus procera)* stark verbreitet. Von deren 6 bis 8 mm großen Beeren werden bevorzugt die Samenkörner herausgearbeitet. Weiterhin konnten wir die Vögel bei der gezielten Aufnahme von Blättern beobachten.

Fortpflanzung

Schwieriger gestaltet sich die Nisthöhlensuche für die Tarantapapgeien und so ist es nicht verwunderlich, dass sie bezüglich der Höhe im Baumstamm nicht wählerisch sind. Wir konnten Ende Oktober aktive Nester in Höhen von knapp 2 m bis zu 15 m finden. Eine Höhle wurde vermessen: Das Einschlupfloch hatte lediglich einen Durchmesser von knapp 4 cm, die Tiefe der Höhle betrug 15 cm bei einem Durchmesser von etwa 12 cm. In der weiterführenden Literatur wird die Brutzeit mit März bis November angegeben.

Verlässliche Daten über Gelegegröße, Brutzeit und Jungenaufzucht scheint es nicht zu geben. Aus einem von uns beobachteten Nest flogen vier Jungvögel aus. In den ersten Tagen der Beobachtung wurden die Jungen noch gefüttert. Bemerkenswert scheint, dass das Männchen zum Füttern meist in die Höhle geschlüpft ist, während das Weibchen die Jungen von außen durch das Einschlupfloch versorgt hat. Die Jungen waren vermutlich etwa sechs Wochen alt. Eine Woche später, in den frühen Morgenstunden, konnte nur noch die Fütterung eines Jungvogels, der sich bereits sehr weit herauswagte, beobachtet werden. Doch kurze Zeit später turnten die Eltern mit drei weiteren, bereits ausgeflogenen Jungen in den Zweigen des Brutbaumes.

Status Verlässliche Daten darüber liegen nicht vor. Nach Aussagen einheimischer Vogel- und Touristenguides sowie eigenen Beobachtungen sind die Vögel in geeigneten Habitaten durchaus als häufig zu bezeichnen. Wie alle Vögel Äthiopiens profitieren sie davon, dass der Fang für den Verzehr oder Export so gut wie keine Rolle spielt. Tarantapapageien waren auch in der Lage, sich veränderten Lebensbedingungen wie der Abholzung der Wälder gut anzupassen und scheinen die Nähe zu menschlichen Siedlungen sogar zu bevorzugen.

Das Rot der Stirn erstreckt sich beim Männchen des Tarantapapageis über Zügel und Augenring.

Im Oktober ließen sich keine größeren Ansammlungen von Tarantapapageien beobachten, stets waren es Einzelvögel, Paare und Familienverbände mit maximal sechs Individuen. Außerhalb der Brutzeit sollen sich kleine Schwärme an Futterbäumen oder Wasserstellen bilden.

Tarantapapageien in menschlicher Obhut

In der Gruppe der *Agapornis*-Arten ohne weiße Augenringe ist der Tarantapapagei der Spätstarter in unseren Volieren. Erst 1906 erreichten die Vögel über italienische Händler Österreich, hier war dann auch 1909 die Erstzucht zu vermelden. Die Einfuhrzahlen waren anfangs sehr gering, stiegen in den 1920er Jahren allerdings stark an. 1923 erfolgte vermutlich die deutsche Erstzucht. Bereits seit mehr als 20 Jahre gibt es zumindest nach Deutschland keine legalen Importe aus Äthiopien mehr. 1980 erwarben wir bei einem Händler ein Weibchen, das angeblich ein Importvogel gewesen sein soll, was aber nicht verlässlich nachzuweisen war.

Haltung

Obwohl Tarantapapageien Regionen bis zu 3000 m Höhe besiedeln und es dort nachts empfindlich kalt werden kann, sollten wir nicht davon ausgehen, dass die Vögel sich bei uns im Winter im ungeheizten Schutzraum wohlfühlen. Während es bei uns auch tagsüber nicht wesentlich wärmer wird, steigen die Temperaturen in ihrer Heimat bereits zwei bis drei Stunden nach Sonnenaufgang auf Werte, die uns – aus eigener Erfahrung – den

Hinweis Außerhalb der Brutzeit können besonders Jungvögel in größeren Volieren problemlos vergesellschaftet werden. So bewohnen bei uns regelmäßig junge Tarantapapageien und Rußköpfchen eine Gemeinschaftsvoliere, selbst bei einem zusätzlichen Bodenbesatz mit Regenpfeifern hat es kaum Probleme gegeben. Selbstverständlich muss eine solche Gesellschaft besonders beobachtet werden, da nicht auszuschließen ist, dass es hin und wieder einmal einen aggressiven Vogel darunter gibt.

Schweiß auf die Stirn treiben. So fordert das Gutachten über Mindestanforderungen an die Haltung von Papageien unter Abschnitt 2.2 für Agaporniden nicht ohne Grund eine **Mindesttemperatur** von 10 °C im Schutzraum.

Tarantapapageien sind relativ ruhige, zutrauliche Vögel, die auch gut im **Wohnbereich** untergebracht werden können. Sie lassen ihre, wenn es sein muss, auch laute Stimme nur selten hören, meist ist nur ein leiser, angenehmer Plaudergesang wahrzunehmen. Der paarweisen Haltung in geräumigen **Zimmervolieren** steht also wenig entgegen.

Bietet sich die Möglichkeit, sollten auch Tarantapapageien in kombinierten **Außen-/Innenvolieren** gehalten werden. Allerdings sind bei uns alle Versuche gescheitert, mehrere Paare zur Brut in einer 4 m² großen Voliere zu halten. Wir sollten respektieren, dass die Vögel zu dieser Zeit lieber nur mit ihrem Partner und später mit den Jungen in Kontakt sind. Auch in Äthiopien konnten wir nicht feststellen, dass zwei Paare in unmittelbarer Nachbarschaft brüteten.

Ernährung

Tarantapapageien akzeptieren nahezu alle angebotenen Futtermittel, die sie im Jugendstadium vorgesetzt bekommen haben. Außer den üblichen **Saatenmischungen** und den gängigen Obst- und Gemüsesorten werden besonders gern verschiedene **Gräser** in halbreifem und reifem Zustand genommen. **Wacholderbeeren** in getrocknetem Zustand sind inzwischen in fast jedem gut sortierten Futtermittelhandel erhältlich und stellen gerade für den Tarantapapagei ein auch in seiner Heimat verfügbares Nahrungsmittel dar.

Fortpflanzung

Erprobte Zuchtpaare lassen sich aus der **Ruhephase** durch langsame Umstellung der **Beleuchtungsdauer**, verstärkte Obst- und **Keimfuttergabe** und des Einbringens eines **Nistkastens** gezielt auf die **Brutphase** umstellen. Selbst mehrere Paare kommen bei uns so nahezu zeitgleich, plus-minus eine Woche zur Eiablage.

Nicht ganz so einfach lassen sich **Jungpaare** steuern. Auch kann es bei diesen in einigen Fällen dazu kommen, dass die ersten Jungen nicht angefüttert werden. Hier sollte nicht allzu schnell eingegriffen werden. Es hat sich gezeigt, dass meist ein Nachgelege und eine mehr oder weniger erfolgreiche Jungenaufzucht folgen. Nach einer Lernphase mit zwei verloren gegangenen Bruten legte bei uns solches Jungpaar dann über Jahre hinweg zuverlässig jeweils vier Eier und zog alle Jungvögel auf.

Nestbau

Kopulationen finden schon in der Brutvorbereitungszeit statt und werden mehrmals täglich wiederholt. Mit Einbringen des **Nistkastens** sollten mehr

Gut zu sehen ist, dass in dem Nistkasten des Tarantapapageis nur wenig Nistmaterial eingetragen wurde. Das erste Junge ist einige Stunden alt.

frische **Weidenzweige** gegeben werden. Obwohl nicht alle Weibchen ein Nest bauen, schälen sie doch die Rinde ab und stecken sie in Rücken- und Bürzelgefieder. Selten bauen Tarantapapageien ein umfangreiches Nest, meist bleibt es bei einer mehr oder weniger ausgefüllten Nestunterlage.

Das **Vollgelege** umfasst in der Regel vier Eier, die im Abstand von zwei Tagen gelegt werden. Es gibt Paare, die des Öfteren ein Fünfergelege zeitigen. Aus 69 bei uns registrierten Gelegen ergab sich ein Durchschnitt von 4,2 Eiern pro Gelege, hierbei lag die mittlere Eigröße bei 23,0 × 17,6 mm, das Verhältnis von Länge zu Durchmesser betrug 1,31:1.

Brut und Aufzucht

Von allen *Agapornis*-Arten haben Tarantapapageien die längste **Brutzeit**, sie liegt ab fester Bebrütung bei 24 bis 25 Tagen. Da einige Weibchen, nur diese brüten, erst nach Ablage des zweiten oder sogar dritten Eies fest brüten, kann sich für das erstgelegte Ei zwischen Ablage und Schlupf durchaus ein Zeitraum von 28 Tagen ergeben. Frisch geschlüpfte Junge zeigen einen spärlichen weißen Flaum auf lachsfarbener Haut. Sehr deutlich ist auch der Eizahn noch zu sehen. Zu diesem Zeitpunkt werden die Jungen nur vom Weibchen gefüttert.

Erst im Alter von 12 bis 14 Tagen beginnen sich die Augen zu öffnen, spätestens dann sollten die Jungen mit geschlossenen 4,5 mm-Ringen der Züchterverbände **beringt** werden. Die Erstlingsdunen weichen nun zurück und mit etwa 16 bis 18 Tagen schieben sich die ersten grünen Federchen aus den Kielen. Zu diesem Zeitpunkt beteiligt sich auch das Männchen direkt an der Fütterung der Jungen. Während die meisten *Agapornis*-Arten mit knapp 30 Tagen schon nahezu voll befiedert sind, dauert dies bei Tarantapapageien mindestens eine Woche länger. Höchst selten fliegen sie im Alter von gut sechs Wochen aus, meist erst mit 46 bis 49 Tagen.

Obwohl die Jungvögel bereits gut zwei Wochen nach Verlassen des Nestes selbstständig Futter aufnehmen, lassen sie sich gern noch von den Eltern füttern. Auch gehen sie zusammen mit diesen nachts noch in den Nistkasten. Problematisch ist dieses allerdings, wenn das Weibchen bereits wieder gelegt hat. Drei Wochen nach dem **Ausfliegen** können die Jungen in solchen Fällen aus der elterlichen Voliere herausgenommen werden.

Diese Freilandaufnahmen des Grünköpfchens sind ein Glückstreffer, denn die Vögel sind in der Natur extrem schwer auszumachen.

Erfolgt kein weiteres Gelege oder wurde der Nistkasten entfernt, bereitet es fast nie Schwierigkeiten, Eltern und Jungvögel weiterhin über mehrere Wochen zusammen zu halten.

In einigen Zuchtstämmen überwiegt der männliche Nachwuchs deutlich den weiblichen in der Anzahl. Ob dies wirklich an den Vögeln oder eher an den Haltungsbedingungen liegt, ist unklar. Bei uns ergeben mehr als 30 Jahre Brutaufzeichnungen bei Haltung in Innenvolieren für den Tarantapapageien Folgendes: Bei Bruten in den Monaten November bis Februar lag das Verhältnis Männchen zu Weibchen bei 1,23:1, zwischen März und Mai bei 1,6:1 und in den Sommermonaten bei 1,54:1. Über alle Jahreszeiten gerechnet beträgt der Männchenüberschuss somit 34 %.

Mutationen

Auch der Tarantapapagei blieb von der Mutationsbildung nicht verschont, mehr dazu ab Seite 139.

Grünköpfchen
Agapornis siwindernianus

Engl.: Black-collared Lovebird
Franz.: Inséparable à collier noir
Span.: Inseparable Acollarado

a) Grünköpfchen *(Agapornis swindernianus swindernianus)*

Erstbeschreibung: *Psittacus swindernianus* Kuhl, 1820.

Beschreibung: Größe 13 cm, Gewicht 39 bis 41 g.
Beide Geschlechter sind gleich gefärbt. Die oberseits dunkelgrüne Grundfärbung ist an der Unterseite wesentlich heller. Im Bereich des Nackens befindet sich ein schwarzes Band. Zum Rücken hin läuft es gelblich orange aus, diese Färbung erstreckt sich auch über den Kehlbereich. Der gesamte Oberrücken, Bürzel und die Oberschwanzdecken sind kräftig ultramarin-

Verbreitungskarte des Grünköpfchens *Agapornis swindernianus.*

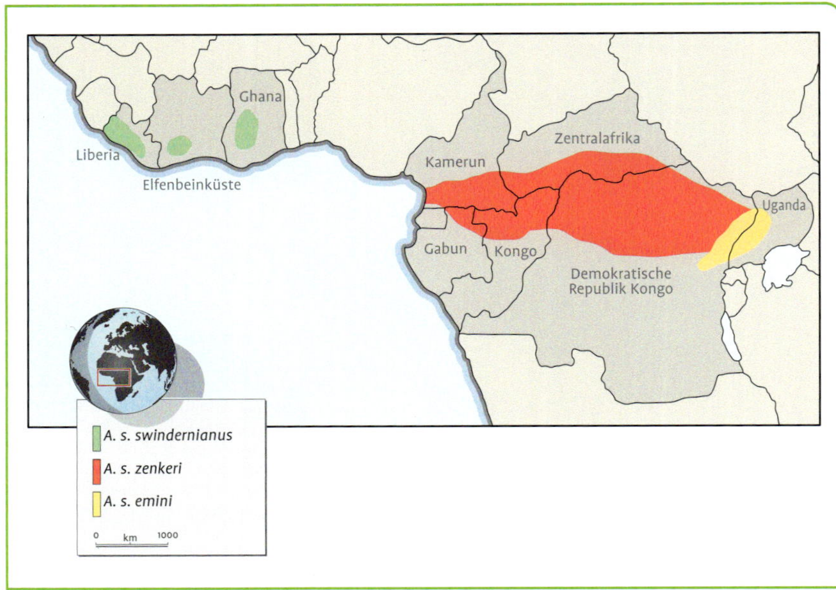

blau, die Schwanzfedern tragen an der Basis einen roten Fleck und eine schwarze Querbinde vor der grünen Spitze. Das Auge wird von einer Iris umschlossen die gelb bis orange wirkt, Oberschnabel schwarz, Unterschnabel grau. Den Jungvögeln soll das schwarze Nackenband fehlen und die Iris ist deutlich dunkler.
Verbreitung: Wie bei keiner anderen *Agapornis*-Art sind selbst die genauen Verbreitungsgebiete nicht vollständig bekannt. Es wird von teilweise durch größere Strecken getrennten Populationen berichtet. Die Nominatform soll von Liberia über die Elfenbeinküste bis Ghana vorkommen, mit Unterbrechungen.

b) Kamerun-Grünköpfchen, Zenkers Grünköpfchen *(Agapornis swindernianus zenkeri)*

Erstbeschreibung: *A. s. zenkeri* Reichenow, 1895.

Beschreibung: In der Färbung wie die Nominatform, jedoch soll das schmale schwarze Nackenband zum Rücken hin ein breites rotbraunes Band übergehen, das sich bis in den Kehlbereich zieht.
Verbreitung: Beginnend an der Küste Kameruns erstreckt sich das Verbreitungsgebiet über Nordost-Gabun, Nord-Kongo, Süd-Zentralafrika ostwärts bis in die Demokratische Republik Kongo. Kurz vor der Grenze zu Uganda liegt die östliche Verbreitung.

c) Ituri-Grünköpfchen *(Agapornis swindernianus emini)*

Erstbeschreibung: *A. s. emini* Neumann, 1908.

Beschreibung: Der Unterschied zu *A. s. zenkeri* soll in der weniger intensiven rotbraunen Färbung liegen. Teilweise wird diese Unterart nicht anerkannt.
Verbreitung: An das östliche Verbreitungsgebiet von *A. s. zenkeri* anschlie-

Sehr gut sind hier Nacken- und Schwanzzeichnung des Grünköpfchens zu sehen.

ßend, äußerster Nordosten der Demokratischen Republik Kongo, bis in den westlichen Bereich von Uganda.

Grünköpfchen in ihrem Lebensraum

Es gibt keine wirklich zuverlässigen Aussagen zum Freileben der Grünköpfchen. Selbst erfahrene, anerkannte Papageienspezialisten haben sich bisher schwer getan, die Vögel in Freiheit über einen längeren Zeitraum zu beobachten. In den teils dichten, immergrünen Wäldern halten sich diese kleinen, vorwiegend grünen Vögel vorwiegend im oberen Baumbereich auf und kommen nur selten in Bodennähe. Dies erschwert die Beobachtung zusätzlich.

Ähnlich wie Orangeköpfchen sollen die Bruten in den Nestern der Baumtermiten stattfinden. Für den nördlichen Kongo und Uganda wird als Brutzeit Juli angegeben, für Gabun Januar und Februar. Es wird vermutet, dass die Vögel zumindest gebietsweise nicht selten sind. Auch über die Nahrung der Vögel wird viel spekuliert. Bekannt ist, dass sie sich von verschiedenen Feigenarten und Früchten ernähren.

Grünköpfchen in menschlicher Obhut

Bisher ist keine erfolgreiche Haltung in menschlicher Obhut bekannt. Versuche, Grünköpfchen zu exportieren, sollen immer schon in deren Heimat einige Tage nach dem Fang gescheitert sein. Einige Hinweise auf erfolgte Importe nach Dänemark und Deutschland sind nicht zuverlässig belegt. So werden Grünköpfchen wohl die einzige *Agapornis*-Art sein, die weiterhin nicht in menschlicher Obhut gehalten wird, zumindest nicht, bevor die generellen Einfuhrverbote gelockert werden. Es wäre auch unverantwortlich, diese Vögel in Volieren zu halten, bevor ihr Leben in Freiheit nicht etwas mehr erforscht ist. Wir freuen uns, die ersten vorzeigefähigen Fotos dieser letzten Wilden hier präsentieren zu können.

Rosenköpfchen
Agapornis roseicollis

Engl.: Rosy-faced Lovebird, Peach-faced Lovebird
Franz.: Inséparable rosegorge
Span.: Inseparable de Namibia

a) Rosenköpfchen *(Agapornis roseicollis roseicollis)*

Erstbeschreibung: *Psittacus roseicollis* Vieillot, 1818.

Beschreibung: Größe 16 bis 17 cm, Gewicht 48 bis 60 g.
Adulte Vögel: Beide Geschlechter sind gleich gefärbt, ein gewisser Unterschied in Kompaktheit und etwas höherem Gewicht ist teilweise bei Weibchen festzustellen.

Vorherrschende Grundfarbe ist grün, im Bauchbereich etwas heller, sie kann dort einen ganz leichten gelben Anflug haben. Die schwarzgrauen Schwingen sind an den Außenfahnen grün mit gelblichem Saum. Bürzel und Oberschwanzdecken sind hellblau, die mittleren Schwanzfedern sind durchlaufend grün, die seitlichen Schwanzfedern sind im verdeckten Bereich rot, im sichtbaren Bereich von grün nach blau auslaufend, vor der Spitze mit einem schwarzen Querband. Der namensgebende rosarote Kopf zeigt an Vorderkopf und Stirn eine leuchtend rote Färbung, im Bereich der Maske bis zur Kehle ist sie eher blassrot, im Wangenbereich mit einem leicht silbergrauen Anflug. Das dunkelbraune Auge wird von einem schmalen, blassweißen befiederten Ring umschlossen. Der an der Wurzel fleischfarbene Schnabel läuft an der Spitze und im Unterschnabelbereich leicht

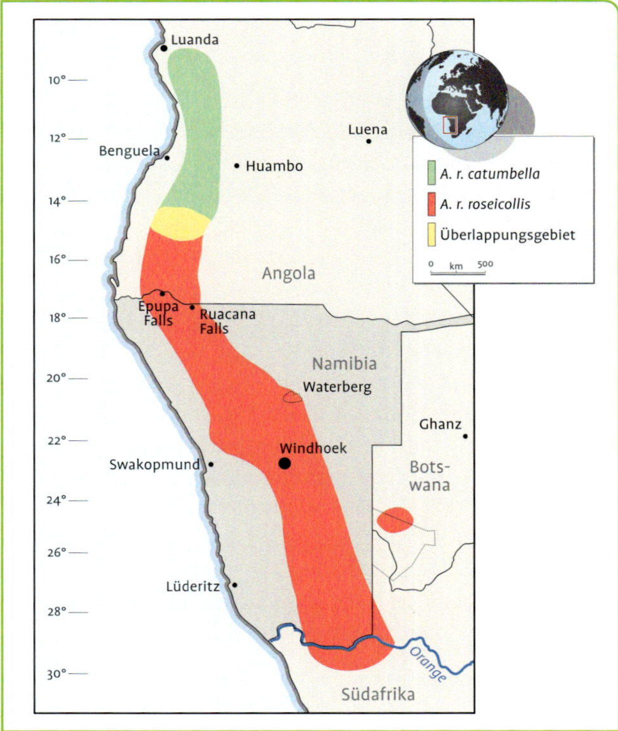

Das Verbreitungsgebiet des Rosenköpfchens *Agapornis roseicollis.*

Rosenköpfchen in der ersten Morgensonne in Namibia.

grünlich aus. Die Hornschuppen der Füße sind grau, die Krallen dunkelgrau.

Juvenile Vögel: Alle Farben sind etwas blasser als bei Altvögeln, besonders auffallend im Bereich der Rotfärbung. Der schwarze Schnabelansatz ist nach gut drei Monaten verschwunden, auch die zunächst sehr dunklen Füße nehmen dann die endgültige Färbung an.

Verbreitung: Rosenköpfchen besitzen das südlichste Verbreitungsgebiet aller *Agapornis*-Arten. An der Grenze zwischen Namibia und Südafrika, dem Oranje-Fluss, etwa 30° südlicher Breite beginnend, erstreckt es sich in einem schmalen Streifen nordwärts durch ganz Namibia bis kurz über die Grenze von Angola. Eine vom Hauptverbreitungsgebiet abgetrennte Population befindet sich im nordwestlichen Bereich des Kalakgadi Transfrontier Parks von Botswana, dicht am nördlichsten Zipfel von Südafrika.

b) Angola-Rosenköpfchen *(A. r. catumbella)*

Erstbeschreibung: *Agapornis roseicollis catumbella* Hall, 1952.

Beschreibung: Die grüne Grundfärbung ist etwas heller und intensiver als bei der Nominatform, ebenso ist die gesamte Rotfärbung wesentlich intensiver.

Verbreitung: An das Gebiet von der Nominatform im südlichen Angola anschließend weiter in Richtung Norden bis zur Hauptstadt Luanda. Aufgrund der politisch unsicheren Lage in Angola sind kaum Freilandbeobachtungen dokumentiert.

Bereits einige Wochen vor dem Brutbeginn nehmen die Partnerfütterungen zu, hier im Freiland in Namibia.

Rosenköpfchen in ihrem Lebensraum
Obwohl Rosenköpfchen in Namibia nicht selten sind, ist es nicht einfach, die Vögel zu beobachten. In kleinen Gruppen ziehen sie dem Wasserangebot folgend umher. Ihr Flug ist schnell und wird von schrillen Rufen begleitet. In der Literatur wird das Vorkommen in Höhenlagen von Meereshöhe bis 1600 m ü. NN angegeben. In Küstennähe halten sich die Vögel nur höchst selten auf. Sie bevorzugen trockene, felsige Gegenden in Höhenlagen um 1000 m. Im Erongo-Gebirge, nordwestlich von Windhoek können sie sogar in Höhenlagen von fast 1900 m angetroffen werden, im Bereich des Waterbergs bis etwa 1700 m. An der nördlichen Grenze zu Angola, wo die Vögel an den Epupa-Fällen häufig auftreten, liegt die Geländehöhe zwischen 600 und 800 m ü. NN, ähnlich wie im südlichsten Verbreitungsgebiet im Augraies Nationalpark an der südöstlichen Grenze zu Südafrika.

Die besten Beobachtungsmöglichkeiten hat man an den Wasserlöchern. Hier tauchen die Vögel regelmäßig morgens und abends auf. Trocknen diese Wasserstellen aus, wandern die Rosenköpfchen ab. Wir konnten Rosenköpfchen an einer Wasserstelle auf der Ameib Ranch im Erongo-Gebirge allmorgendlich beobachten. Sie hielten sich dort etwa eine Stunde lang auf und flogen dann in die nahe liegenden Felsformationen, wo sie nur noch sehr schwer zu beobachten waren. Ebenso verhält es sich auch im Bereich des Waterberg-Plateaus.

Ernährungsweise
Der größte Teil Namibias ist von einer Savannenvegetation bedeckt, aus Grasland, das mit dornenlosen Büschen und verschiedenen Akazien bewachsen ist. Am häufigsten kommen die Rosendornakazie *(Acacia ataxacantha)* und die Ringelhülsenakazie *(Acacia tortilis)*vor. Entlang der größtenteils ausgetrockneten Flussläufe, in Namibia Riviere genannt, ist der Anabaum *(Faidherbia* oder *Acacia albida)* vertreten. Mit einem Stammdurchmesser bis zu 2 m dringen seine Wurzeln tief in das Flussbett ein und erreichen so noch Wasser führende Schichten. Die langen Schoten mit den Samen sind bei allen Tieren, auch den Rosenköpfchen, sehr begehrt. Das gilt auch für die Früchte verschiedener Feigenbäume *(Ficus* ssp.*)*, die aller-

Badeorgien an einer Wasserstelle im Erongogebirge, Namibia.

dings weniger häufig vorkommen. Neben diesen Früchten werden auch Grassamen verzehrt. In Obstplantagen und Getreidefeldern sind Rosenköpfchen zur Erntezeit zahlenmäßig stark vertreten und werden mit allen Mitteln verfolgt. Dies erklärt auch die relativ hohe Fluchdistanz der Vögel.

Fortpflanzung

Nach der Regenzeit, die zwischen November und Januar eintritt – wenn überhaupt, beginnen Rosenköpfchen mit der Brut. Wir konnten allerdings im Bereich des Erongo-Gebirges im September einen noch nicht voll ausgefärbten Jungvogel beobachten, der wahrscheinlich im August geschlüpft war. In den gebirgigen Bereichen des Verbreitungsgebietes nutzen die Vögel Höhlen und Spalten in den Felsformationen für den Nestbau, der durch Zweige, Blätter und Rindenstücke bewerkstelligt wird. In anderen Regionen nehmen sie auch Baumhöhlen und die Gemeinschaftsnester verschiedener Webervögel. In diesen vorgefertigten Riesennestern und auch in Felsspalten sind häufig dicht beieinander liegende Nester der Rosenköpfchen zu finden, sodass durchaus von einer Koloniebrut gesprochen werden kann.

Rosenköpfchen in menschlicher Obhut

Gut 40 Jahre nach der Erstbeschreibung wurden Rosenköpfchen 1860 durch Hagenbeck nach Deutschland eingeführt. Neun Jahre später gelang im Berliner Aquarium bei Brehm die Erstzucht. Heute sind Rosenköpfchen die am stärksten verbreitete *Agapornis*-Art in Menschenobhut, inzwischen dicht gefolgt vom Pfirsichköpfchen.

Entsprechend der großen Zuchtbestände jahrzehntelanger Massenzuchten und des menschlichen Forschungstriebs – oder Spieltriebs? – trägt jedoch nur noch ein Bruchteil der Rosenköpfchen das Aussehen ursprünglich wildfarbener Vögel. Die Festigung zwangsläufig aufgetretener Mutationen, der Einsatz von Kombinationen und gezielte Selektionszucht haben dazu geführt, dass schätzungsweise bestenfalls noch 20 % der Rosenköpfchen als mehr oder weniger „wildfarbig“ zu bezeichnen sind.

Die AZ (Vereinigung für Artenschutz, Vogelhaltung und Vogelzucht) griff diese Situation vor einiger Zeit auf und änderte die Bezeichnung der Rosen-

Rosenköpfchen kurz vor der Landung, die Unterflügelzeichnungen lassen sich hier sehr gut im Detail erkennen.

köpfchen im Ausstellungswesen von „wildfarbig“ auf „grün“. Durch eine entsprechende Musterbeschreibung wird angestrebt, einige Merkmale der Art zu erhalten, wie etwa eine maximale Größe von 17 cm, normale Federstruktur, schmaler, befiederter Augenring, Ausdehnung der rosaroten Gesichtsmaske oder hellblauer Bürzel. Diese Merkmale wurden bei Ausstellungsvögeln um die Jahrhundertwende zunehmend verfälscht. Es ist zu hoffen, dass die Maßnahmen greifen und auch in Zukunft Rosenköpfchen in unseren Beständen zu finden sind, die der Wildform zumindest nahe kommen.

Haltung

Aufgrund ihrer Herkunft nehmen Rosenköpfchen kurzfristige Temperaturschwankungen weniger empfindlich auf, als andere *Agapornis*-Arten. Das soll jedoch nicht heißen, dass sie bei Minustemperaturen überwintern können. Obwohl es in ihrer Heimat besonders in den größeren Höhenlagen nachts empfindlich kalt werden kann, steigen doch im Laufe des Tages die **Temperaturen** schnell an. Dies ist an unseren Wintertagen nicht der Fall. Die im Gutachten über die Mindestanforderungen angeführten 10 ° sollten auch für Rosenköpfchen eingehalten werden.

Steht eine größere Voliere zur Verfügung, ist eine **Schwarmhaltung** durchaus praktikabel. Voraussetzung für die Zucht wildfarbener Vögel ist natürlich, dass sich keine Farbvögel in der Voliere befinden, da es trotz einer recht guten Paarbindung hin und wieder zu Seitensprüngen kommen wird. Die recht kräftige und teilweise schrille **Stimme** setzen die Vögel in einer Gemeinschaftsvoliere naturgemäß öfter ein als bei paarweiser Haltung. Bei der Pflege in Freivolieren mit empfindlichen Nachbarn in der Nähe kann dies zu ernsthaften Auseinandersetzungen führen.

Ernährung

Obwohl Rosenköpfchen eher größere Sämereien vorziehen, sollte man mit **fetthaltigen** Saaten wie Sonnenblumenkernen, Kardi und Hanf nicht zu großzügig umgehen. Gerade in Boxen und Kleinvolieren sind die Bewe-

Hinweis In Kleinvolieren kann eine Vergesellschaftung von Rosenköpfchen zu Problemen führen. Dieses ist allerdings von Paar zu Paar unterschiedlich. Bei uns werden Volieren mit 160 × 70 cm Grundfläche nur mit einem Paar besetzt. Die im Gutachten geforderte Mindestgröße von 100 × 50 × 50 cm (L × B × H) ist besonders für Rosenköpfchen wirklich als echte Mindestgröße anzusehen.

gungsmöglichkeiten für die Tiere doch sehr eingeschränkt und entsprechend gering ist der Energiebedarf. In großen Volieren mit Schwarmhaltung ist dieses Problem weniger ausgeprägt, da häufige, kleine Streitigkeiten und der größere Flugraum mehr Aktivitäten erfordern. Siehe dazu auch Seite 14.

Fortpflanzung

Oft ist zu lesen, Rosenköpfchen seien die idealen Anfängervögel. Es ist zwar richtig, dass sie nicht besonders empfindlich sind und sich auch bereitwillig fortpflanzen, doch kommt es dabei mehr auf den Züchter an als auf den Vogel. Information vor Beginn der Haltung ist der ausschlaggebende Punkt, in der Fachliteratur und bei erfahrenen Züchtern. Eine Spontananschaffung von Vögeln, egal welcher Art, wird immer zu Komplikationen führen. Werden die Empfehlungen zu Haltung und Ernährung befolgt, steht einer Rosenköpfchen-Zucht kaum etwas im Wege. Die Hürde der **Geschlechtsbestimmung** kann durchaus genommen werden. Die Weibchen sind meist etwas kompakter und schwerer als Männchen und der sogenannte Beckenknochen-Test (siehe Seite 22) gibt bei geschlechtsreifen Rosenköpfchen relativ sicher Auskunft.

Nestbau

Rosenköpfchen tragen das Nistmaterial im Gefieder ein, im Freiland wurde schon beobachtet, dass größere Zweige während des Fluges mit den Füßen gehalten wurden. Stellt man den Vögeln ausreichend frische **Weiden- oder Birkenzweige** zur Verfügung, wird der gesamte Nistkasten zugebaut. Die **Gelegegröße** kann erheblich schwanken. Meist werden vier bis sechs Eier

Zuchtboxen sollten zumindest so groß sein, dass die Vögel darin auch fliegen können.

gelegt, es kommt aber öfter vor, dass bis zu acht Eier im Nest liegen. Auch die Eigröße ist sehr unterschiedlich, sie liegt bei 22 bis 25 mm Länge und 17 bis 19 mm Durchmesser. Wie bei den anderen Arten erfolgt die Ablage jeden zweiten Tag.

Brut und Aufzucht

Nach 22 bis 23 Tagen Brutzeit schlüpfen die Jungen. Sie tragen orangerote Dunen auf der fleischfarbenen Haut. Im Alter von etwa zehn Tagen öffnen sich die Augen. Zu diesem Zeitpunkt sollte die **Beringung** mit einem 4,5 mm-Ring vorgenommen werden. Das dichte, dunkelgraue Pelzdunenkleid ist mit gut zweieinhalb Wochen fertig, jetzt sind auch schon die ersten grünen Federchen angedeutet, ebenso der typische dunkle Schnabelfleck. Gut vier Wochen braucht es bis zur nahezu geschlossenen Befiederung, eine weitere Woche bis zum **Ausfliegen** der Jungen, rund 36 bis 40 Tage. Besonders bei Rosenköpfchen kommt es häufig jetzt schon zur Folgebrut. Die Jungen sollten aber frühestens im Alter von acht Wochen von den Eltern getrennt werden.

Mutationen

Sind einige Mutationen zweifelsohne attraktiv, haben sich inzwischen durch Kombinationen Farben entwickelt, deren Herkunft sich kaum noch nachvollziehen lässt. Mehr ab Seite 140.

Pfirsichköpfchen

Agapornis fischeri

Engl.: Fischer's Lovebird
Franz.: Inséparable de Fischer
Span.: Inseparable de Fischer

Synonym: Fischers Unzertrennlicher.
Erstbeschreibung: *Agapornis fischeri* Reichenow, 1887.
Anmerkungen zur Artengruppe (Superspezies) siehe bei Schwarzköpfchen.

Beschreibung: Größe 15 cm, Gewicht etwa 43 bis 50 g.
Adulte Vögel: Pfirsichköpfchen sind kompakt wirkende Vögel mit einem tropfenförmigen Körperbau und grünem Grundgefieder, beide Geschlechter sind gleich gefärbt. Vorderer Oberkopf und Stirn weisen ein kräftiges Orangerot auf, das im Bereich der Wangen und Kehle etwas blasser wirkt und zur Brust in Orangegelb ausläuft. Im hinteren Bereich des Oberkopfes herrscht eine oliv-bräunliche Färbung vor, die in Orange ausläuft. Die Handschwingen sind schwarzbraun mit grünlichen Säumen. Das grüne Schwanzgefieder läuft zur Spitze hin hellblau aus. Von einem weißen, unbefiederten Augenring umschlossen wird das dunkelbraune Auge. Der korallenrote Schnabel ist am Ansatz etwas heller, die deutlich abgesetzte Wachshaut elfenbeinfarbig. Die blaugrauen Füße tragen dunkelbraune Krallen, die bei älteren Vögeln deutlich heller werden.
Juvenile Vögel: Alle Farben sind deutlich blasser als bei den Altvögeln, auch ist die Färbung im Kopfbereich noch nicht klar differenziert. Der gelblich rote Schnabel weist an der Basis dunkle Flecken und Streifen auf, die erst im Alter von gut zwei Monaten zurückweichen.

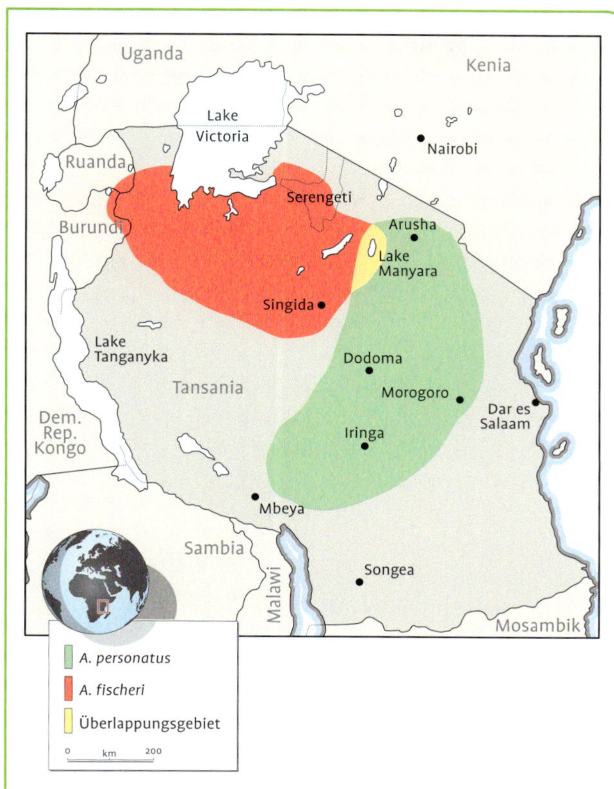

Die Verbreitungsgebiete von Pfirsich- und Schwarzköpfchen überschneiden sich zu gewissen Jahreszeiten im Bereich des Lake Manyara.

Pfirsichköpfchen an einer Wasserstelle in der südlichen Serengeti, Tansania.

Verbreitung: Im Norden von der südlichen Serengeti ausgehend bildet der Lake Manyara die östliche Grenze des Verbreitungsgebietes, die südöstliche liegt etwa zwischen den Städten Singida und Dodoma. Westlich werden die Landesgrenzen von Burundi und Ruanda etwas überschritten, im Norden ist die natürliche Grenze der Victoriasee, wobei die Vögel auf einigen ufernahen kleinen Inseln vorkommen sollen.

Bestände, die in Teilbereichen größerer Städte Kenias vorkommen, sind auf entflogene oder ausgebürgerte Vögel zurückzuführen. Hier sind auch Hybriden mit Schwarzköpfchen nicht selten. Zu Mischlingen im Bereich des Lake Manyara siehe Anmerkungen beim Schwarzköpfchen Seite 72.

Pfirsichköpfchen in ihrem Lebensraum

Pfirsichköpfchen bewohnen bevorzugt Trocken- und Dornenstrauchsavannen. Diese Landschaften sind geprägt von Grasbewuchs bis zu gut einem Meter Höhe und lockerem Baumbestand. Als häufigste Baumart ist die Schirmakazie *(Acacia tortilis spirocarpa)* anzutreffen, aber auch der Affenbrotbaum *(Adansonia digitata)*, die Wüstendattel *(Balanites aegyptiaca)* und die Delebpalme *(Borassus aethiopium)* sind nicht selten.

In diesem Gebiet fällt im Mittel ein jährlicher Niederschlag von 250 bis 1000 mm. Am Lake Manyara wird die untere Höhenlage des Verbreitungsgebietes, etwa 960 m ü. NN erreicht, sie erstreckt sich in der Serengeti bis hinauf auf etwa 2000 m. Ähnlich wie andere Arten haben auch Pfirsichköpfchen die Vorteile erkannt, dass in der Nähe von Siedlungen vermehrt Nahrung und Wasser zu finden sind.

Außerhalb der Brutzeit streifen die Vögel in größeren Gruppen auf der Suche nach Nahrung und Wasser umher. Die besten Beobachtungsmöglichkeiten hat man zu dieser Zeit morgens und abends an den wenigen Wasserlöchern. Am Rande der südlichen Serengeti konnten wir in der Nähe des Lake Ndutu vor Beginn der Regenzeit Ende Oktober Schwärme von bis zu 100 Vögeln beobachten. Sie sammelten sich in den Schirmakazien und fielen dann nach einer Zeit des Sicherns wie auf Kommando auf die Wasserstelle ein. Getrunken wurde nur hastig, um dann wieder in die Baumkronen zu fliegen und der nächsten Gruppe Platz zu machen. Einige Vögel, die offensichtlich etwas mutiger waren, nahmen auch ein kurzes Bad.

Ernährungsweise

Ähnlich wie Schwarzköpfchen suchen auch Pfirsichköpfchen einen großen Teil ihrer Nahrung am Boden. Dabei werden nicht nur Grassamen und Beeren berücksichtigt, zumindest hin und wieder nehmen sie auch Insekten und Larven. Knospen, Blüten und Samen der Akazien bilden sicher zu gewissen Jahreszeiten die Hauptnahrung der Vögel, doch verschmähen sie auch die frischen Blätter nicht. Zu Zeiten knapper natürlicher Nahrung fallen die Vögel auch in Getreidefelder meist mit Hirse oder Mais ein, wobei festzustellen ist, dass das Verbreitungsgebiet der Pfirsichköpfchen relativ dünn von Menschen besiedelt ist und Ackerbau nur in geringem Maße stattfindet.

Fortpflanzung

Über die Brutbiologie im Freiland ist wenig bekannt. Genutzt werden Höhlen und Spalten in Baumstämmen, angeblich auch die Gemeinschaftsnester der Weber. Es wurden auch schon Bruten unter den Stroh- und Schilfdächern von Wohnhütten dokumentiert. Die Brut findet in den Monaten Ja-

Pfirsichköpfchen sind attraktive Pfleglinge, die sich großer Beliebtheit bei Hobbyhaltern und auch bei den Züchtern erfreuen.

nuar bis März statt, also zwischen den Zeiten mit größeren Niederschlägen wie November/Dezember und April/Mai.

Status

Noch im vorigen Jahrhundert wurden die Bestände des Pfirsichköpfchens massenweise durch Export reduziert. Selbst in den 1980er Jahren wurden noch mehr als 25.000 gefangener Pfirsichköpfchen legal nach Deutschland eingeführt. Nach 1995 weist die Einfuhrstatistik des BfN (Bundesamt für Naturschutz) aus dem Ursprungsland Tansania keine Importe mehr auf. Bis auf eine Einfuhr von 50 in Südafrika gezüchteten Pfirsichköpfchen handelte es sich bei Einfuhren von Ländern außerhalb Afrikas ausnahmslos um Stückzahlen von unter vier Exemplaren. Sicherlich wird aufgrund unserer derzeit geltenden Einfuhrbestimmungen der Fang nicht eingestellt, der asiatische Markt bleibt, doch vermögen diese einen kleinen Beitrag dazu leisten, die Natur weniger auszubeuten.

Pfirsichköpfchen in menschlicher Obhut

Wie auch die anderen *Agapornis*-Arten der *Personatus*-Gruppe wurden Pfirsichköpfchen erst im 20. Jahrhundert bei uns eingeführt. Als Ersteinfuhrjahr wird allgemein 1925 angegeben, wahrscheinlich wurden diese Vögel jedoch über England in die USA exportiert, für Deutschland nimmt man als Ersteinfuhr das Jahr 1927 an. Bereits kurz darauf gelang auch der erste Zuchterfolg.

Haltung

Obwohl es durchaus möglich wäre, Pfirsichköpfchen im Schwarm zu halten und bei entsprechender Volierengröße auch zu züchten, neigen fast alle Züchter zur **paarweisen** Unterbringung in Zuchtboxen. Vor allem wenn eine **Ausstellung** der Vögel angestrebt wird und besondere Merkmale gefestigt werden sollen, ist dies auch der sicherste Weg zum Erfolg. Doch sollte man zumindest den **Jungvögeln** die Möglichkeit bieten, im Schwarm **Sozialkontakte** zu knüpfen und bedingt durch den größeren **Flugraum** die Kondition zu stärken. Eine kombinierte Innen- und Außenvoliere ist dazu ideal.

Ernährung

Obwohl Pfirsichköpfchen zu den am häufigsten gezüchteten *Agapornis*-Arten gehören und ihre Ernährung wenig Schwierigkeiten bereitet, haben wir festgestellt, dass Vögel aus einem Bestand, in dem nicht sehr **vielseitig** gefüttert wurde, nur schwer an neue Futtermittel zu gewöhnen sind. Dies gilt, wie im Kapitel Ernährung angesprochen, für die meisten Arten, für Pfirsichköpfchen scheint es aber ganz besonders zuzutreffen. Kleinkörnige Saaten, Knospen und halbreife Grassamen nehmen die Vögel besonders gern.

Nestbau

Bei einer **Schwarmhaltung** ist das Verhalten verpaarter Pfirsichköpfchen besonders gut zu beobachten. Auch außerhalb der Zucht halten die Partner fester zusammen als bei einer paarweisen Haltung. Das **Partnerfüttern** ist hier wesentlich ausgeprägter als in einer Zuchtbox. Es tritt mit Einleitung der Fortpflanzungsperiode vermehrt auf. Zu diesem Zeitpunkt sind wiederholt Kopulationen zu beobachten.

Die Weibchen der Pfirsichköpfchen tragen das Nistmaterial im Schnabel ein. Hier werden nicht nur abgeschälte Rindenstücke eingetragen, auch ganze Zweige von beachtlicher Länge werden zu einem umfangreichen Nest verbaut. Leider gibt es heute schon „Zuchtboxen-Stämme" von Pfirsichköpfchen, die durch mangelnde Gabe von frischen Zweigen einen Nestbau fast verlernt haben. Bei solchen Paaren sollte unbedingt eine **Nestmulde** in die Bodenplatte des Nistkastens eingearbeitet sein.

Wie bei allen *Agapornis*-Arten erfolgt die Eiablage etwa alle zwei Tage. Das **Vollgelege** umfasst gewöhnlich vier bis sechs Eier mit einer mittleren Größe von etwa 22,6 × 17,3 mm (n = 21) bei einem Verhältnis von Länge zu Durchmesser von 1,30/1.

Brut und Aufzucht

Nach einer Brutdauer von 22 bis 23 Tagen schlüpfen die Jungen. Oft erfolgt zeitgleich der Schlupf aus den beiden ersten Eiern, aus den weiteren etwa im Abstand der Eiablage. Der orangerote Flaum der frisch geschlüpften Küken bedeckt die fleischfarbene Haut nur spärlich. Der Eizahn des zunächst hellbraunen Schnabels fällt erst nach gut einer Woche ab. Zum Zeitpunkt des **Beringens** (Durchmesser 4,5 mm, etwa zwischen dem 12. und 14. Lebenstag) sind die Augen bereits geöffnet und das graue Dunenkleid breitet sich aus. Eine Woche später brechen die ersten grünen Federchen im Schwingen- und Handbereich aus den Kielen, mit gut 30 Tagen ist die Befiederung fast dicht.

Frühestens im Alter von fünf Wochen, meist einige Tage später, verlassen die Jungen das Nest und sind **flugfähig**. Mindestens zwei Wochen sollte man vergehen lassen, bevor man die Jungen aus der elterlichen Behausung herausnimmt. Das ist meist nur erforderlich, wenn die Altvögel bereits eine Folgebrut begonnen haben und die Eier im Nistkasten durch die flüggen Jungvögel gefährdet wären.

Jungvögel sind im **Schwarm** durch eine wesentlich blassere Gefiederfärbung und den noch nicht intensiv roten Schnabel gut zu erkennen. In einer größeren Voliere sollten sie mindestens bis zur Geschlechtsreife im Alter von sieben bis acht Monaten mit Artgenossen zusammen gehalten werden. Hier suchen sich die Vögel unter besten Bedingungen den Partner selbst, eine gute Voraussetzung für eine spätere Zucht, die aber nicht angestrebt werden sollte, bevor die Vögel ein Jahr alt sind.

Mutationen

Bereits Mitte des vergangenen Jahrhunderts traten vereinzelt Farbabweichungen bei Pfirsichköpfchen auf, doch erst im letzten Drittel wurden verschiedene Mutationen gefestigt, siehe Seite 142.

Schwarzköpfchen
Agapornis personatus

Engl.: Yellow-collared Lovebird, Masked Lovebird
Franz.: Inséparable masqué
Span.: Inseparable Cabecinegro
Erstbeschreibung: *Agapornis personata* Reichenow, 1887.

Verbreitungskarte „Schwarzköpfchen“ siehe Seite 67.

Beschreibung: Größe 15 cm, durch Selektion erreichen heute viele Vögel auf Ausstellungen schon 16 cm. Gewicht etwa 45 bis 55 g.
Adulte Vögel: Beide Geschlechter sind gleich gefärbt, die Grundfarbe ist ein kräftiges grün, an der Unterseite etwas heller. Die intensiv schwarze Maske gab dem Vogel in früheren Zeiten auch den Namen „Maskenunzertrennlicher“. Sie erstreckt sich über Kehle, Wangen, Stirn und Oberkopf und läuft am hinteren Oberkopf dunkelbraun aus. Nacken und Brust sind intensiv

In der Trockenzeit bilden sich größere Schwärme der Schwarzköpfchen, die auf der Suche nach Wasser und Futter umherstreifen (Tansania).

gelb und im Idealfall zum hellgrünen Bauch klar abgetrennt. Im Freiland gibt es nicht selten Vögel, die im gelben Brustbereich einen mehr oder weniger orangefarbenen Anflug zeigen. Dieses ist kein Zeichen für eine Vermischung mit Pfirsichköpfchen. Erst wenn die Orangetöne überwiegen und die Maske nahezu durchgehend hellbraun ist, kann von Hybriden ausgegangen werden. Die Handschwingen sind nahezu schwarz, das Bürzelgefieder verwaschen blau. Das dunkelgrüne Schwanzgefieder läuft gelblich grün aus, im verdeckten Bereich ist es an der Basis leicht rot, geht in eine schwarze Binde über und läuft gelbgrün aus.

Die dunkelbraune Iris wird von einem weißen, unbefiederten Augenring umschlossen, der Schnabel ist rot mit einer nahezu weißen Wachshaut an der Basis. Beine und Zehen sind dunkelgrau, die Krallen dunkelbraun.
Juvenile Vögel: Alle Grundfarben sind weniger klar ausgeprägt als bei Altvögeln. Besonders im Kopfbereich wirkt das spätere Schwarz eher schwarzbraun, auch das Gelb im Brustbereich hat meist eine dunklere Färbung, mit dem Hang zu einem leichten orangefarbenen Anflug. Der Schnabel wirkt zunächst gelblich rot und trägt an der Wurzel dunkle Flecken.
Verbreitung: Die nördlichste Verbreitung liegt in Tansania unterhalb der Grenze zu Kenia im Bereich von Arusha, nach Osten hin wird fast die Küste des Indischen Ozeans erreicht. Im Süden erstreckt sich das Verbreitungsgebiet fast bis zur Grenze von Malawi und Sambia um dann in nordwestliche Richtung bis nahe an die Ostseite des Lake Manyara zu reichen.

Im Bereich des Lake Manyara Nationalparks grenzt das Verbreitungsgebiet an das des Pfirsichköpfchens. Da in diesem Bereich selbst in Trockenzeiten Wasser aus kleinen Gebirgsbächen fließt und der allgemeine Grundwasserstand sehr hoch ist, kommt es hier relativ regelmäßig zu Überschneidungen der Verbreitungsgebiete der beiden Arten. Mischpaare und deutlich zu erkennende Hybriden sind die Folge dieser jahreszeitlichen Wanderungen. Weitere Mischlinge können in einigen kenianischen Städten und in Dar es Salam beobachtet werden. Ihr Ursprung geht jedoch auf entflogene oder freigelassene Vögel aus Beständen der Exporteure zurück.

Schwarzköpfchen in ihrem Lebensraum

Trockensavannen mit lichtem Baumbestand und Dornenstrauchsavannen bilden den bevorzugten Lebensraum der Schwarzköpfchen. In einigen Bereichen ist das Verbreitungsgebiet der Vögel von Menschen nur sehr spärlich besiedelt. Die mageren Böden bieten geringe Erträge, hinzu kommt die starke Präsenz der Tsetsefliege, die eine Viehhaltung unmöglich macht. Schirmakazien *(Acacia tortilis spirocarpus)* und Baobab-Bäume *(Adansonia* ssp.*)* prägen das Landschaftsbild, die Mangrovensümpfe in Küstennähe werden von den Vögeln gemieden. Schwarzköpfchen halten sich auf dem Hochplateau Tansanias in Höhenlagen zwischen knapp 1000 und 2000 m ü. NN auf.

In der Hauptregenzeit, die zwischen März und Mai liegt und in der kleinen Regenzeit zwischen Oktober und November sind die Vögel relativ standorttreu, gebrütet wird vor und nach der großen Regenzeit, also im Januar/Februar und Juni/Juli. In Jahreszeiten besonderer Trockenheit wandern die Vögel entsprechend des Nahrungsangebotes. In dieser Zeit lassen sie sich an den wenigen verbliebenen Wasserstellen in großer Anzahl beobachten. So sahen wir Schwarzköpfchen im Oktober an einer kleinen Wasserstelle im Tarangire Nationalpark zu Hunderten in den frühen Morgenstunden und abends für jeweils eine knappe Stunde. Nach der Wasser- und

Wenn ein Artgenosse ein Paar bei der gegenseitigen Gefiederpflege stört, wird er vertrieben (Tansania).

Nahrungsaufnahme verteilen sich die Vögel wieder und es sind bestenfalls noch kleine Gruppen zu sehen.

Ernährungsweise

Ein hoher Anteil der Nahrung wird am Boden gesucht, wobei kleinste Sämereien augenscheinlich sehr begehrt sind. In den bewirtschafteten Gegenden fallen die Vögel in die Mais- und Hirsefelder ein und sind so verständlicher Weise von den Einheimischen nicht gern gesehen. Mit besonderer Vorliebe nehmen sie Knospen jeglicher Art auf und auch frische Blätter.

Status Seit weit mehr als einem Jahrzehnt wurden keine der Natur entnommenen Schwarzköpfchen nach Deutschland mehr eingeführt. Das war leider nicht immer so, noch in der zweiten Hälfte des vergangenen Jahrhunderts wurden die Vögel massenweise gefangen und exportiert, was sich auf den Bestand in einigen Regionen extrem negativ ausgewirkte. Genaue Zahlen zum Status liegen nicht vor, es kann jedoch davon ausgegangen werden, dass Schwarzköpfchen in geeigneten Bereichen ihres Verbreitungsgebietes noch häufig anzutreffen sind.

Schwarzköpfchen in menschlicher Obhut

Schwarzköpfchen gehören, was die Ersteinfuhr betrifft, zu den Spätzündern der Gattung. Erst 1925 wurden die Vögel zunächst in die USA, dann 1927 nach Deutschland eingeführt. Die Zuchterfolge ließen nicht lange auf sich warten, obwohl der Altmeister der Agaporniden, Helmut Hampe, sie unter den Arten mit weißen Augenringen als die am schwersten zu züchtenden einstufte.

Haltung

Schwarzköpfchen können in einer großen Voliere durchaus im **Schwarm** gehalten werden, auch wenn es während der Brutzeit zu Rangeleien kom-

Auf geht's …

men kann. Vorausgesetzt ist, dass möglichst viele Blutlinien vertreten sind, da in einer solchen Voliere kaum Einfluss auf die **Paarbildung** genommen werden kann.

Dies widerspricht dem Bestreben der Züchter, die mit ihren Vögeln erfolgreich Ausstellungen beschicken wollen und so gezwungen sind, besondere Merkmale zu festigen. In diesen Fällen bietet sich **paarweise Haltung** in Kleinvolieren oder den sogenannten Zuchtboxen an. Die selbstständigen Jungvögel sollten dann aber in einer größeren **Gemeinschaftsvoliere** untergebracht werden.

Ernährung

Dem allgemeinen Kapitel über Ernährung ist in Bezug auf Schwarzköpfchen nur wenig hinzuzufügen. Beobachtungen in der Heimat der Vögel zeigen, dass sie dort unter anderem sehr **kleine Gras- und Krautsämereien** aufnehmen. Dies sollte auch in der Volierenhaltung berücksichtigt werden. Eine schnelle Futterumstellung, besonders von Altvögeln, ist aber oft schwierig, besonders wenn in ihrem gewohnten Futter ein hoher Anteil großkörniger, fetthaltiger Saaten wie Sonnenblumenkerne, Kardi oder Hanf vorhanden waren.

Fortpflanzung

Welche Haltungsform auch gewählt wird, die Nachzucht von Schwarzköpfchen ist nicht als schwierig zu bezeichnen. Selbst zwangsverpaarte Vögel werden in den meisten Fällen erfolgreich zur Brut schreiten, dennoch sind die besseren Erfolge zu erzielen, wenn sich die Partner schon im Jugendalter in der Gemeinschaftsvoliere gefunden haben. Vermehrtes dichtes Beieinandersitzen mit gegenseitiger Gefiederpflege und nach Erlangung der Geschlechtsreife auch das Partnerfüttern und Kopulationsversuche deuten auf ein **harmonierendes Paar** hin. Verbleiben die Paare in einer Gemeinschaftsvoliere, müssen ausreichend Nistgelegenheiten vorhanden sein, am besten wesentlich mehr Kästen als Paare. Trotz der guten Paarbindung wird es aber immer wieder einmal, wie das Leben so spielt, zu

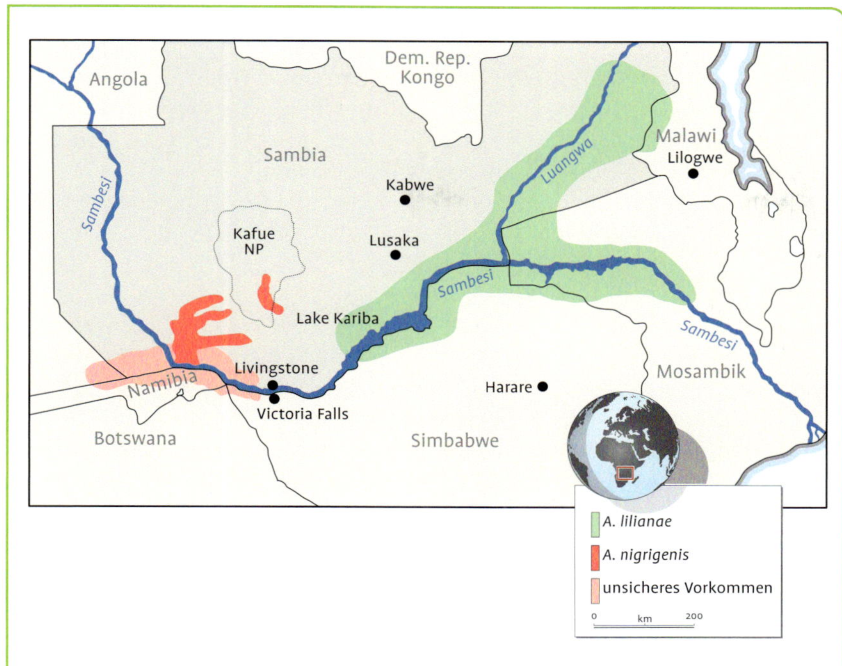

Die Verbreitungsgebiete von Ruß- und Erdbeerköpfchen sind deutlich voneinander getrennt.

genbereich ein dunkler Anflug festzustellen, dieser verliert sich nach der Jugendmauser.

Verbreitung: Erdbeerköpfchen leben entlang einiger Flussläufe im südöstlichen Sambia (Sambesi, Luangwa), dem nördlichen Simbabwe (Sambesi), dem nordwestlichen Mosambik (Luangwa und Sambesi) und im westlichen Malawi. Das Vorkommen der Vögel in diesen Bereichen ist nicht flächendeckend, die einzelnen Populationen sind besonders durch ihre jahreszeitlichen, nahrungsbedingten Wanderungen voneinander getrennt. Eine ständig vom Hauptverbreitungsgebiet isolierte Population lebt im südlichen Tansania.

Erdbeerköpfchen in ihrem Lebensraum

Der Lebensraum der Erdbeerköpfchen ist dem der Rußköpfchen sehr ähnlich. Auch sie leben bevorzugt entlang von Flussläufen, wobei die kleineren nur zur Regenzeit Wasser führen. Selbst der Luangwa hat in den letzten Monaten vor der Regenzeit, die dort im November beginnt, kaum noch Wasser. Die steppenartige Landschaft besteht aus lichten Mopanewäldern *(Colophosperum mopane)* und inselartigen Vorkommen verschiedener Akazien *(Acacia* ssp.*)*, Feigenbäume *(Ficus* ssp.*)* und wildem Mango *(Cordyla africana)*. In weiten Bereichen wachsen auch *Brachystegia* spp., laubabwerfende Bäume, die ihren Samen aus den aufspringenden Schoten bis zu 25 m weit schleudern. Vor der Regenzeit ist daher eine Suche nach den Vögeln sehr mühselig. Einerseits sind sie in komplett trockenen Gebieten so gut wie nie anzutreffen, andererseits verteilen sie sich entlang Wasser führender Flüsse so weit, dass keine örtliche Bindung an ein Wasserloch besteht. Wir mussten im Oktober entlang des Luangwa in Sambia tagelang nach den Vögeln suchen, ehe wir Erfolg hatten. Hier waren die Erdbeerköpfchen in kleinen Schwärmen mit bis zu 30 Vögeln anzutreffen und zeigten eine relativ hohe Fluchtdistanz.

Das Erdbeerköpfchen *Agapornis lilianae* erhielt seinen wissenschaftlichen Namen nach Lilian, der Ehefrau des bekannten Ornithologen W. L. Sclater.

Ernährungsweise

Die Hauptnahrung der Erdbeerköpfchen besteht aus Samen verschiedener Gräser, wobei sie am häufigsten Behaartes Bartgras *(Hyparrhenia* ssp.) aufsuchen. Wilder Reis *(Oryza perennis)* soll ebenfalls einen großen Anteil an der Ernährung haben. Auch Knospen, Blüten und Blätter verschiedener Baumarten gehören zum Nahrungsspektrum und die Früchte der wild wachsenden Mango. In besiedelten Gebieten gehen die Vögel auch in Obstplantagen und Hirsefelder.

Status

Die Bestände des Erdbeerköpfchens sind aufgrund der saisonbedingten Wanderungen und der teilweise nicht zusammenhängenden Verbreitungsgebiete schwer einzuschätzen. Ausgehend davon, dass der Bestand unter 50.000 Vögeln liegt, ist eine Bedrohung durchaus gegeben. Ein generelles Einfuhrverbot laut EG-Verordung 2551/97 besteht bereits seit einem Jahrzehnt. Die letzten größeren Importe nach Deutschland fanden in den 70er Jahren des vergangenen Jahrhunderts statt.

Erdbeerköpfchen in menschlicher Obhut

Erstaunlich lange dauerte es nach der Erstbeschreibung von 1894, bis die ersten Einfuhren nach Deutschland 1926 stattfanden. Allerdings waren noch im selben Jahr Nachzuchterfolge zu verzeichnen. Wie damals üblich, machte man sich nach den Erstzuchterfolgen kaum Mühe, gefestigte Stämme aufzubauen. Hinzukam, dass die Vögel anfangs sehr hinfällig waren. In den 1950er Jahren gab es kaum noch artenreine Erdbeerköpfchen, da in der Not inzwischen teilweise Pfirsichköpfchen eingekreuzt worden waren. Ab etwa 1960 gab dann wieder einige Importe, auch diese Vögel waren sehr schwer einzugewöhnen und es gab erhebliche Verluste. Einigen wenigen ernsthaften Züchtern ist es zu verdanken, dass heute wieder kleine, inzwischen widerstandsfähige Volierenpopulationen bestehen. Das Problem der Vermischung mit Pfirsichköpfchen besteht jedoch nach wie vor.

Haltung

Erdbeerköpfchen sind wohl die *Agapornis*-Art, die am besten im **Schwarm** gehalten werden kann. Bei Außenvolieren ist darauf zu achten, dass die Vögel nach eigener Wahl die Innenvoliere aufsuchen können. Die geforderte **Mindesthaltungstemperatur** von 10° sollte auf keinen Fall unterschritten werden. In kleinen Innenvolieren können ebenfalls je nach Größe mehrere Paare gehalten werden. Wir hatten gute Erfolge mit jeweils zwei Paaren in Kleinvolieren von 160 × 70 cm Grundfläche bei 120 cm Höhe. Dennoch werden in Züchterhand die meisten Erdbeerköpfchen in Boxen gehalten.

Ernährung

Im Verhalten bei der Futteraufnahme stimmen Erdbeerköpfchen mit Rußköpfchen fast völlig überein, wobei unsere Vögel eventuell etwas mehr Obst aufnahmen als Rußköpfchen.

Fortpflanzung

Die Zeiten, in denen Erdbeerköpfchen als besonders heikel in der Zucht galten, sind längst vorbei. Aus unserer Erfahrung können wir sagen, dass die Zucht nicht schwieriger ist als bei den anderen Arten mit weißen Au-

Ein wichtiges Zeichen der Artenreinheit bei den Erdbeerköpfchen ist der hornfarbige Ansatz des Oberschnabels, der bei diesem schönen Paar gut zu erkennen ist.

genringen. Vorausgesetzt werden harmonierende, artenreine Paare. Die **Paarzusammenstellung** ist, wie bei allen geschlechtsmonomorphen Vögeln nicht einfach. Auch hier gilt die alte Weisheit, dass Paare, die selbst zusammen gefunden haben, die besten Zuchterfolge erzielen. Das oft genannte Problem unbefruchteter Eier stellt sich dann selten.

Nestbau

Die Zuchtvorbereitungen gestalten sich wie bei den anderen Augenring-Arten, abweichend ist der Nestbau. Wir haben festgestellt, dass das eingetragene **Nistmaterial** wesentlich **kleiner** ist. Es werden keine größeren Zweige eingetragen, sondern bevorzugt Rindenstückchen und Blätter, teilweise auch kurze Zweigenden. Im Nistkasten wird dies alles nochmals zerkleinert, so wirkt das Nest feingliedriger als etwa beim Rußköpfchen, auch wird nicht immer eine Überdachung erstellt.

Mit vier bis sechs Eiern ist das **Gelege** komplett, die Ablage erfolgt jeden zweiten Tag. Als mittlere Größe konnten wir 21,5 × 16,8 mm (n = 28) ermitteln, das Durchschnittsgewicht lag bei 3,4 g.

Brut und Aufzucht

Während der Brutzeit halten sich auch die **Männchen** sehr viel im Nistkasten auf. Sie sitzen teilweise sehr nahe bei dem allein brütenden Weibchen, gehen aber nicht auf das Gelege, wie anhand der Nistkastenkamera festgestellt werden konnte. 21 bis 22 Tage nach fester Bebrütung schlüpfen die Küken, sie unterscheiden sich kaum von denen der Rußköpfchen.

Bei Paaren, die zum ersten Mal brüten kann es öfter passieren, dass die ersten Küken nicht angefüttert werden. Nach einer gewissen Lernphase,

Hinweis Erdbeerköpfchen unterliegen der Kennzeichnungspflicht nach § 7 der Bundesartenschutzverordnung. Die „Artenschutzringe" können beim „Bundesverband für fachgerechten Natur- und Artenschutz e. V. (BNA)" oder beim „Zentralverband Zoologischer Fachbetriebe (ZZF)" bezogen werden. Als Größe für den geschlossenen Ring ist ein Innendurchmesser von 4,0 mm vorgesehen. Je nach Entwicklung der Jungvögel sollten diese zwischen dem 8. und 12. Lebenstag beringt werden.

eventuell erst bei der zweiten oder dritten Brut tritt dieses Problem jedoch nur noch selten auf. Dafür gibt es bei einigen Paaren, nach unserer Erfahrung mehr als bei allen anderen *Agapornis*-Arten, ein anderes Problem. Einige Vögel haben die zweiten gelbgrünen, später grauen Dunen „zum Fressen gern". Und das im Sinne des Wortes: Sie werden im günstigsten Fall nur teilweise, hin und wieder jedoch komplett ausgerupft. In einigen Fällen geht das **Rupfen** weiter, wenn sich die ersten Federchen aus den Kielen schieben.

Im Alter von drei Wochen hat sich der Wechsel vom gelbgrünen zum grauen Dunenkleid vollzogen und im Kopfbereich beginnt die endgültige Farbe zu erscheinen. Gut eine Woche später sind die Vögel voll befiedert. Die Fütterung durch die Eltern erfolgt nun vermehrt von außen durch das Einschlupfloch des Nistkastens. Zwischen dem 35. und 38. Lebenstag **fliegt** der erste Jungvogel **aus**, sind vier oder fünf Junge vorhanden, kann durchaus noch eine Woche vergehen, ehe der letzte Jungvogel das Nest verlässt. Auch Erdbeerköpfchen beginnen teilweise schon mit der Folgebrut, wenn die Jungvögel noch nicht futterfest sind. Siehe dazu auch beim Rußköpfchen Seite 87.

Mutationen
Als erste Mutation wird ein Lutino genannt, der in den USA aufgetreten sein soll. Mehr dazu Seite 144.

Rußköpfchen
Agapornis nigrigenis

Verbreitungskarte „Rußköpfchen" siehe Seite 77.

Engl.: Black-cheeked Lovebird
Franz.: Inséparable à joues noires
Span.: Inseparable Cachetón
Erstbeschreibung: *Agapornis nigrigenis* Sclater, 1906.

Beschreibung: Größe etwa 14 cm, Gewicht 38 bis 47 g.
Adulte Vögel: Männchen und Weibchen sind mit nur sehr geringfügigen Unterschieden gleich gefärbt. Die relativ dunkle Grünfärbung auf der Oberseite ist im Bereich von Brust und Bauch wesentlich heller. Die Maske an Wangen und Kehle ist schwarzbraun und geht an Stirn und vorderem Oberkopf in einen Braunton über, der leicht rötlich schimmert. Hinterkopf, Nacken und oberer seitlicher Hals sind olivgrün. Der Kehlfleck ist kleiner als bei *A. personatus* und zeigt im Idealfall eine intensive Orangefärbung, auch ist der Übergang zur hellgrünen Brust eher fließend als abgegrenzt. Die schwarzbraunen Handschwingen haben gelblich gesäumte, grüne Außenfahnen. Artenreine Rußköpfchen weisen im Bürzelbereich eine grüne

Vor einer Wasserstelle im Kafue-Nationalpark, Sambia, sammeln sich diese Rußköpfchen. Geschickt landen die Vögel zwischen den spitzen, teilweise 10 cm langen Dornen.

Färbung auf, ein blauer Anflug deutet darauf hin, dass mit hoher Wahrscheinlichkeit bei vorherigen Generationen Schwarzköpfchen eingekreuzt worden sind. Die mittleren Schwanzfedern laufen bis zur Spitze grün durch, die seitlichen, teilweise verdeckt, sind an der Basis leicht orangefarbig und haben vor der gelblich grünen Spitze ein leicht schwarzes Band.

Der weiße, unbefiederte Augenring umschließt das dunkle Auge mit der braunen Iris. Mit zunehmendem Alter wird die Irisfärbung deutlich heller. Von der hellen Wachshaut ausgehend wechselt die Schnabelfarbe von einem kleinen hornfarbigen Bereich zu intensiv Rot. Beine und Füße sind hellgrau, die Krallen braun.

Eigene Beobachtungen und Vermessungen an 35 Rußköpfchen aus drei verschiedenen Beständen brachten einige brauchbare Ergebnisse zur Geschlechtsbestimmung. Die sichersten Merkmale sind in der Tabelle aufgeführt, jedoch gibt es immer wieder Ausreißer.

Juvenile Vögel: Abgesehen von der allgemein blasseren Gesamtfärbung ist besonders die Farbe des Kehlflecks und die Größe und Abgrenzung wesentlich fließender als bei adulten Vögeln. Der noch nicht intensiv rote Schnabel ist an der Basis dunkel.

Verbreitung: Das schon immer relativ kleine Verbreitungsgebiet der Rußköpfchen ist in den letzten Jahrzehnten aufgrund enormer Fänge in der ersten Hälfte des vergangenen Jahrhunderts und der fortschreitenden Trockenheit weiter geschrumpft. Wird in älterer Literatur noch Sambia, Südost-Angola, Nordost-Namibia, Nord-Botswana und West-Rhodesien, jetzt Zimbabwe, angegeben, so beschränkt sich das heutige Vorkommen auf

Äußere Merkmale zur Geschlechtsbestimmung von Rußköpfchen, ausgewertet an 35 Vögeln.

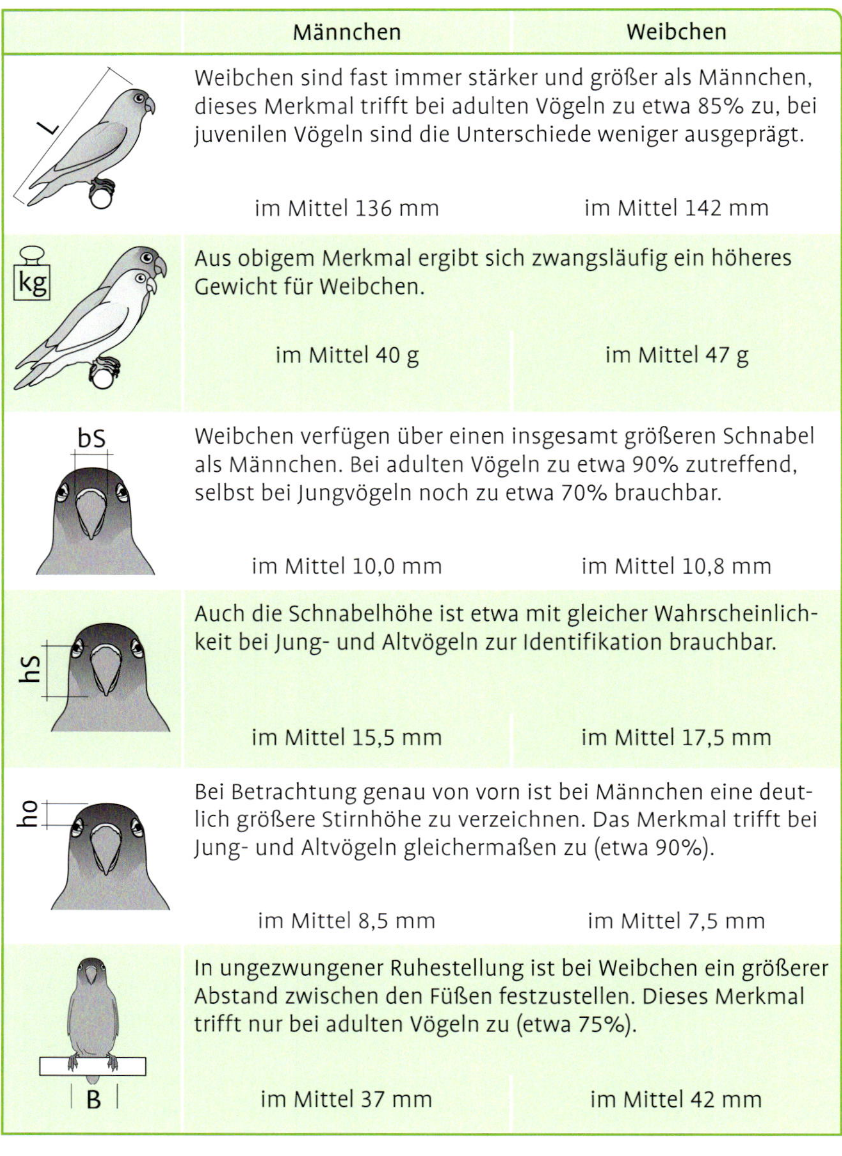

	Männchen	Weibchen
L	Weibchen sind fast immer stärker und größer als Männchen, dieses Merkmal trifft bei adulten Vögeln zu etwa 85% zu, bei juvenilen Vögeln sind die Unterschiede weniger ausgeprägt.	
	im Mittel 136 mm	im Mittel 142 mm
kg	Aus obigem Merkmal ergibt sich zwangsläufig ein höheres Gewicht für Weibchen.	
	im Mittel 40 g	im Mittel 47 g
bS	Weibchen verfügen über einen insgesamt größeren Schnabel als Männchen. Bei adulten Vögeln zu etwa 90% zutreffend, selbst bei Jungvögeln noch zu etwa 70% brauchbar.	
	im Mittel 10,0 mm	im Mittel 10,8 mm
hS	Auch die Schnabelhöhe ist etwa mit gleicher Wahrscheinlichkeit bei Jung- und Altvögeln zur Identifikation brauchbar.	
	im Mittel 15,5 mm	im Mittel 17,5 mm
ho	Bei Betrachtung genau von vorn ist bei Männchen eine deutlich größere Stirnhöhe zu verzeichnen. Das Merkmal trifft bei Jung- und Altvögeln gleichermaßen zu (etwa 90%).	
	im Mittel 8,5 mm	im Mittel 7,5 mm
B	In ungezwungener Ruhestellung ist bei Weibchen ein größerer Abstand zwischen den Füßen festzustellen. Dieses Merkmal trifft nur bei adulten Vögeln zu (etwa 75%).	
	im Mittel 37 mm	im Mittel 42 mm

kleine Bereiche im südwestlichen Sambia. Entlang des Nanzhila-River im südlichen Kafu-Nationalpark lebt auf wenigen Kilometern Flusslänge die nördliche Population. Weiter südwestlich ist der größere Teil der Rußköpfchen ebenfalls entlang einiger kleiner Flüsse, die in den Sambesi münden, zu finden. Gelegentlich werden die Vögel noch im Caprivi-Zipfel in Namibia und an der nördlichen Grenze zu Botswana gesehen.

Rußköpfchen in ihrem Lebensraum

Die steppenartige Landschaft, die den Lebensraum der Rußköpfchen bildet, wird von kleinen Flussläufen durchzogen, die fast nur zur Regenzeit Wasser führen. Lichter Baumbestand mit verschiedenen Akazien *(Acacia* ssp.*)* und ein buschartiger Mopanebewuchs *(Colophosperum mopane*, früher *Copaifera mopane)* bedecken den kargen Boden. Der Mopanewald ist im Verbreitungsgebiet der Rußköpfchen die häufigste Vegetationsform. Je

Nur noch wenige Wasserpfützen sind zum Ende der Trockenzeit im Nanzhila-River zu finden. Ähnlich sieht es an den Flüssen im gesamten Verbreitungsgebiet der Rußköpfchen aus.

nach Bodenbeschaffenheit besteht er aus großen Büschen bis hin zu mehrstämmigen Bäumen, die bis zu 15 m hoch werden können.

Im südlichen Kafue-Nationalpark konnten wir Rußköpfchen an einem verbliebenen Wasserloch des Nanzhila-River beobachten, die in den frühen Morgenstunden und abends zum trinken kamen. Die Wasserstelle war knapp 10 m lang und weniger als 2 m breit, die Höhenlage 1050 m ü. NN. Wir folgten dem ausgetrockneten Flussbett über mehrere Kilometer, konnten jedoch nirgends weitere Wasserlöcher entdecken. Dies erklärt die Anzahl der Vögel, die an der erwähnten Wasserstelle zum trinken kamen: etwa 400 bis 500, die in Schwarmgrößen von jeweils 30 bis 60 Individuen in einem nahen Baum landeten und nach einiger Zeit des Sicherns zum Trinken herabkamen um dann dem nächsten Schwarm Platz zu machen. Es dürfte sich dabei um etwa 25 % des Gesamtbestandes der nördlichen Population gehandelt haben. Dieses nahezu unbeschreibliche Erlebnis ließ uns alle Qualen der Tour bei Temperaturen um gut 40 °C vergessen.

Die etwas größere Population bewohnt ein ähnliches Habitat in südöstlicher Richtung entlang der Flüsse Simatanga, Machile, Sichifulu und Ngweze, die ebenfalls fast nur zur Regenzeit Wasser führen. Die Höhenlage liegt zwischen 900 und 1000 m ü. NN. Auch dieses Gebiet ist dünn besiedelt und bietet nur geringe Erntemöglichkeiten nach der Regenzeit. Entsprechend werden die Vögel mit allen Mitteln von den Feldern fern gehalten, wen kümmert da schon ein Schutzstatus. Im Bereich der Victoriafälle, die auf etwa 850 m ü. NN. liegen, waren die Vögel nie sehr häufig, heute hört man nur von gelegentlichen Beobachtungen.

Größere Wurzelstücke bieten sich zur Volierengestaltung an. Die Rußköpfchen untersuchen sie gern und beschäftigen sich mit der Struktur, den natürlichen Rissen und kleineren Aushöhlungen. Wie geschickt sie sich dabei festhalten und noch Zeit zur Gefiederpflege finden, zeigen diese Vögel.

Ernährungsweise

Rußköpfchen ernähren sich von Gras- und Krautsamen, bevorzugen aber Knospen und Blüten verschiedener Akazien und wilder Mangobäume *(Cordyla africana)*. Wir konnten die Vögel beim Verzehr von Blättern eines von uns nicht zu bestimmenden Baumes beobachten. Die wenigen Hirsefelder suchen die Rußköpfchen zu entsprechenden Jahreszeiten bevorzugt auf, hier sind sie sehr scheu und wachsam.

Fortpflanzung

Die Brutzeit liegt zwischen Februar und Mai, gebrütet wird in Baumhöhlen. Über die Brutbiologie im Freiland ist wenig bekannt. Im Rahmen eines Forschungsprojektes der Universität von Natal wurden einigen Jungvögeln Blutproben entnommen. Bei einem konnte ein positiver PBFD-Befund (Schnabel- und Federkrankheit, Psittacine Beak and Feather Disease) einwandfrei festgestellt werden. Weiterhin waren einige adulte Vögel auffällig, konnten aber nicht untersucht werden.

Status Die Tatsache, dass PBFD im frei lebenden Bestand der Rußköpfchen vorkommt, wirkt besonders vor dem Hintergrund bedrohlich, dass die Gesamtpopulation nur noch aus 8.000 bis 10.000 Vögeln bestehen soll. Es bleibt zu hoffen, dass die Vögel eine natürliche Immunität entwickelt haben und der kleine Bestand, der in seiner Größe noch als gesichert gilt, nicht übermäßig gefährdet wird. Abgesehen von den Vertreibungs- und sicher auch gelegentlichen Tötungsaktionen an den Getreidefeldern wird den Vögeln nicht nachgestellt. Exporte gehören schon seit Jahrzehnten der Vergangenheit an.

Rußköpfchen in menschlicher Obhut

Nach der Erstbeschreibung im Jahre 1906 verging bis zur ersten Einfuhr nur ein Jahr und wiederum nur ein Jahr bis zur Erstzucht in England und Deutschland. Schon Helmut Hampe hielt in der ersten Hälfte des vergangenen Jahrhunderts das Rußköpfchen für die am einfachsten zu züchtende

Agapornis-Art. Trotz dieser Tatsache machte sich kaum jemand die Mühe. Importvögel, zeitweise in großen Stückzahlen, gab es zu günstigen Preisen. Dies änderte sich erst in der zweiten Jahrhunderthälfte, wo Rußköpfchen kaum noch in Liebhaberhand zu finden waren. In dieser Zeit, als die Preise für die Vögel enorm anzogen, züchtete man bewusst Schwarzköpfchen ein um die schnelle Mark zu machen. Die besonderen Merkmale solcher Hybriden werden bei der Artbeschreibung oben angesprochen. Heute sind die Bestände in Menschenobhut einigermaßen gefestigt. Es taucht jedoch ein anderes Problem auf: Durch die Mutations- und Farbzucht werden die wildfarbenen Stämme unterlaufen und es droht die Gefahr, dass in absehbarer Zeit rein wildfarbene Vögel wieder zur Seltenheit werden können.

Haltung

Neben dem Erdbeerköpfchen ist das Rußköpfchen die am besten geeignete *Agapornis*-Art für die **Schwarmhaltung**. Die Schwierigkeiten bezüglich der Paartreue und des sicheren Abstammungsnachweises gelten natürlich auch hier. Gerade bei Arten, deren Zukunft fragwürdig erscheint, sollte auf **genetische Vielfalt** geachtet und auf zu nahe verwandtschaftliche Verhältnisse verzichtet werden. In einer Kleinvoliere, die nur mit zwei oder drei Paaren besetzt ist, sind diese Anforderungen noch gut in den Griff zu bekommen. Bei den meisten Züchtern wird jedoch eine paarweise Haltung praktiziert.

Obwohl Rußköpfchen ihre Stimme oft einsetzen, sind sie dennoch bei gewisser Toleranz des Halters in einer **Zimmervoliere** gut untergebracht. Stimmlage und Lautstärke sind wesentlich erträglicher als die von Schwarz- oder Pfirsichköpfchen.

Ernährung

Neben den allgemein beschriebenen Futtermitteln haben wir bei unseren Rußköpfchen eine besondere Vorliebe für die **halbreifen Samen** verschiedener Gräser festgestellt. Die Vögel damit nahezu ausschließlich zu ernähren, wie sie es zu gewissen Zeiten im Freiland praktizieren, wäre ein erheblicher Aufwand für den Betreuer. Dennoch sollte so oft es geht, ein Bündel gemischter Gräser vom Spaziergang mitgebracht und in die Voliere gehängt werden.

Nestbau

Die von Helmut Hampe aufgestellte Behauptung, Rußköpfchen seien einfach zu züchten, kann aus unserer Sicht voll bestätigt werden. Obwohl die zuverlässigsten Zuchtvögel immer noch Paare sind, die sich aus dem Schwarm heraus selbst gefunden haben, bereiten auch zwangsverpaarte Vögel in den seltensten Fällen Probleme. Auch außerhalb der Brutzeit zeigt sich die Paarbindung durch enges beieinander sitzen und gegenseitiger Gefiederpflege. Intensives Partnerfüttern und vermehrte Kopulationen deuten nach den üblichen Zuchtvorbereitungen darauf hin, dass eine Brut bevorsteht.

Während bei vielen Arten der Nestbau vom Weibchen vorgenommen wird, konnten wir in unserem Bestand einige **Männchen** beobachten, die ganz gezielt **Nistmaterial** eingetragen haben. Verbaut werden nicht nur abgeschälte Rindenstückchen sondern auch kleine belaubte Zweige von bis zu 20 cm Länge. Dies ist nur möglich, weil Rußköpfchen das Material im Schnabel eintragen, wie auch die anderen drei Arten mit weißen Augenrin-

Momentaufnahme: Rußköpfchen im Landeanflug, „Bremsfallschirm und Fahrwerk“ sind schon ausgefahren.

gen. Soweit festgestellt werden konnte erledigt den Innenausbau allein das Weibchen. Selbst größere Nistkästen werden komplett mit einem **kobelförmigen Nest** ausgefüllt, wenn ständig frisches Material zur Verfügung steht.

Das Weibchen hält sich zu diesem Zeitpunkt schon sehr viel im Nest auf. Kommt es heraus, ist am verdickten Unterleib zu erkennen, dass eine Eiablage bevorsteht. Die Kotmenge nimmt zu und die Ausscheidungen sind wesentlich flüssigerer Konsistenz.

Die Eiablage erfolgt im Abstand von zwei Tagen, mit vier bis fünf Eiern ist das **Gelege** komplett, nicht selten werden sechs oder gar sieben Eier gelegt. Das mittlere Eimaß beträgt 22,2 × 17,4 mm (n = 86) und ist damit deutlich kleiner als bei Schwarz- und Pfirsichköpfchen.

Brut und Aufzucht

Nach 21 bis 22 Tagen fester Bebrütung schlüpfen die Jungen. Das erste lachsfarbene Dunenkleid ist 3 bis 5 mm lang und steht nur spärlich auf der fleischfarbenen Haut. Die Spitzen der Dunen, besonders am Kopf, tragen einen silbrigen Schimmer. Nach etwa anderthalb Wochen wird der Körper von einem dichteren grauen Dunenkleid bedeckt und die Augen beginnen sich schlitzförmig zu öffnen. Zwischen dem 8. und 12. Lebenstag werden die Jungen mit 4,0 mm Ringen **beringt**. Im Alter von etwa 18 Tagen ist das graue Dunenkleid dicht, am Hinterkopf brechen gelblich grüne Federchen durch, im Flügelbereich grüne. Einige Tage später sind die endgültigen Farben schon zu erahnen, im Alter von 28 bis 30 Tagen ist die Befiederung nahezu dicht.

Fünf Wochen nach dem Schlupf, gelegentlich auch einige Tage später, wagt der erste Jungvogel den Weg aus dem Nest. Anfängliche Unbeholfenheiten beim zielgenauen Flug sind bereits einen Tag später verschwunden. Geschlafen wird weiterhin mit der ganzen Familie im Nest.

Hinweis Um eine kräftezehrende dritte Brut zu verhindern, kann man sofort nach dem Ausfliegen der Jungen das komplette Nest entfernen und den Deckel des Nistkastens abnehmen. So kann die Familie weiterhin darin schlafen, eine erneute Eiablage wird in den meisten Fällen aber verhindert.

Ein Problem stellt sich in vielen Fällen: Das Weibchen hat schon wieder mit der Eiablage begonnen, bevor sich die Jungen vollständig selbst ernähren können. Zu Streitigkeiten wird es in den meisten Fällen nicht kommen, doch besteht die Gefahr, dass durch die Überbesetzung des Nestes die Eier Schaden nehmen. Dennoch sollten die Jungen frühestens zwei Wochen nach dem Ausfliegen des Nesthäkchens aus der elterlichen Voliere herausgenommen werden.

Mutationen

In Deutschland tauchten 1991 die ersten blauen Rußköpfchen auf, inzwischen ist die Palette der Farben erheblich erweitert, größtenteils durch Einkreuzung anderer Augenringarten (siehe Seite 145).

Sperlingspapageien im Porträt

Diese kleinen Papageien stammen aus der Neuen Welt, von Mexiko bis in die Mitte des südamerikanischen Kontinents.

Zu den ersten Vögeln dieser Gattung, die nach Europa eingeführt worden sind, gehören die Blauflügel-Sperlingspapageien. Bereits 1682 sollen sie in einer Menagerie in Frankreich gehalten worden sein, jedoch erst 1883 wurden sie erstmals wissenschaftlich beschrieben.

Systematik und Verbreitung

Die systematische Einteilung der Papageien wurde in den letzten hundert Jahren immer wieder verändert, je nach den sehr unterschiedlichen Bewertungen der charakteristischen Elemente im Körperbau. Es gab Einteilungen in fünf bis acht Familien oder sie wurden als eine Familie mit drei bis neun Unterfamilien angesehen. Bei anderen Autoren bilden die Papageienvögel zwei Überfamilien mit insgesamt elf Familien. Durch die neuen Untersuchungsmethoden wird es sicherlich in den Zweifelsfällen bald eine wissenschaftlich fundierte Lösung geben.

Als Standardwerk wird derzeit das „Handbook of the Birds of the World“ angesehen, auch in diesem Buch dient es als Referenzwerk, so wie mittlerweile auch bei Zuchtverbänden, Behörden, Unteren Naturschutzbehörden und Ministerien. Hier werden die Sperlingspapageien innerhalb der Ordnung Psittaciformes (353 Arten) der Familie Psittacidae, der Unterfamilie Psittacinae und der Gattungsgruppe Arini als Gattung *Forpus* zugeordnet. Die Gattungsgruppe Arini umfasst insgesamt 30 Gattungen mit 148 Arten und 201 Unterarten.

Mit sieben Arten ist die Gattung *Forpus*, die 1858 von Dr. Heinrich Boie aufgestellt wurde, recht überschaubar, wobei die Zuordnung der Unterarten zum Teil erhebliche Schwierigkeiten bereitet. Der Gattungsnamen wurde von Boie nicht erläutert, man geht davon aus, dass das lateinische Wort forpex = Zange hier zugrunde gelegt wurde und auf den papageientypischen Schnabel dieser Vögeln hinweisen soll.

Freileben

Das Verbreitungsgebiet der Sperlingspapageien erstreckt sich über Mittel- und Südamerika inklusive einiger vorgelagerter Inseln. Die Vögel bewohnen die verschiedensten Lebensräume, von sehr trockenen Landschaften bis zu tropischen Regenwäldern und sind auch in der Nähe menschlicher Ansiedlungen zu finden. Das Verbreitungsgebiet umfasst ebenfalls einige der wärmsten Gegenden der südamerikanischen Landfläche, vereinzelt werden dort Temperaturen von bis zu 40 °C erreicht.

Amazonas-Grünbürzel-Sperlingspapageien im Freiland, die zur Nahrungsaufnahme gern auf den Boden kommen. Sie sind dort bestens getarnt und dennoch wachsam und recht vorsichtig (Foto Karl-Heinz Lambert).

Bei einigen Arten sind jahreszeitliche Wanderungen bekannt, die vom Nahrungsangebot abhängig sind. Die Nahrung besteht aus Grassamen in verschiedenen Reifestadien, Sämereien, Beeren und Früchten. Auch die Aufnahme von Blüten und Blattknospen ist bekannt, von dem Verzehr von Larven oder Insekten wird sehr selten berichtet.

Als Bruthöhlen nutzen die Sperlingspapageien Astlöcher, Baumhöhlen, Aushöhlungen in Kakteen und weitere sich bietende Nistgelegenheiten in Zaunpfählen, Rohren, verlassenen Schlammnestern von Töpfervögeln und anderem. In einigen Fällen profitieren Sperlingspapageien offenbar sogar von der Rodung einzelner Flächen, weil sich das Nahrungsangebot bei der Folgenutzung für sie erhöht.

Der Manu-Nationalpark in Peru bildet einen Teil des Lebensraumes des Schwarzschnabel-Sperlingspapageis *Forpus sclateri* (Foto Karl-Heinz Lambert, ebenso Seite 88).

Blaubürzel-Sperlingspapagei
Forpus cyanopygius

Engl.: Mexican Parrotlet; Blue-rumped Parrotlet
Franz.: Toui de Mexique
Span.: Cotorrita Mexicana

Synonym: Mexikanischer Sperlingspapagei, Mexikanischer Blaubürzel-Sperlingspapagei, Heller Sperlingspapagei. In alten Schriften findet man auch noch die Bezeichnung Zwergpapagei mit türkisblauem Bürzel.

a) Blaubürzel-Sperlingspapagei *(Forpus cyanopygius cyanopygius)*

Erstbeschreibung: *Psittacula cyanopigia,* Souancè, 1856, Nord-West Mexiko. Bei Finsch lautete der lateinische Name ursprünglich *Psittacus cyanopygus*, wurde dann aber in *cyanopygia* geändert, da der Königssittich ebenfalls die zunächst von Finsch gewählte Bezeichnung trug.

Die in einigen Quellen zu findende Unterart *Forpus c. pallidus*, Sonora-Sperlingspapagei, Brewster, 1889, wird im Handbook of the Birds of the World nicht mehr berücksichtigt. Dort wird neben der Nominatform als weitere Unterart *Forpus c. insularis* aufgeführt.

Beschreibung: Kräftige, aufrechte, tropfenförmige Gestalt, Haltung circa 60 Grad, Gesamtlänge 140 mm, Gewicht 35 bis 37 Gramm. Rückenlinie gradlinig, Flügel eng anliegend ohne zu kreuzen, reichen bis ans Ende des Oberschwanzdeckgefieders; Kopf harmonisch der Körperform angeglichen; Schnabel nicht ganz eingezogen.
Adultes Männchen: Stirn, Wangen, Kehle und Scheitel sind leuchtend hellgrün. Der Augenstrich ist schwach angedeutet bläulich. Brust, Bauch und Steiß sind hellgrün, leicht gräulich überhaucht, Nacken, Oberrücken, kleine Flügeldecken sind grün mit grauem Überhauch, Unterrücken, Bürzel und Flügelbug türkis hellblau. Die großen Flügeldecken sind hellblau, bei den Handschwingen, Oberseite, Außenfahnen grün, die Innenfahnen grün, in Dunkelgrau übergehend. Bei den Armschwingen, Oberseite, sind die

Verbreitungsgebiete der Blaubürzel- und Mexikanischen Insel-Sperlingspapageien.

Links: Ein Paar Mexikanischer Sperlingspapageien, links das Weibchen, rechts das Männchen, die man stets selten in menschlicher Obhut findet.

Rechts: Das Männchen zeigt bei geschlossenem Flügel nur einen leichten, unterschiedlich intensiven blauen Flügelrand.

Außenfahnen blau mit hellblauen Säumen, die Innenfahnen blau mit grauem Überhauch. Die Unterseiten der Hand- und Armschwingen sind grau mit blauem Anflug. Schwanz: die Unterseite ist hellgrün mit feinen gelblichen Säumen, die Oberseite grün mit hellen Säumen. Die Augen (Iris) sind schwarzbraun, der schmale, nackte Augenring hellgrau, der Schnabel bleigrau. Nasenhaut, Ständer und Füße sind grau, die Krallen hellbraun.
Adultes Weibchen: Grundfarben etwas matter als beim Männchen, kaum angedeuteter Hinteraugenstreif, alle Blauteile des Männchens sind bei dem Weibchen kräftig grün, die Schnabelfarbe ist etwas heller als beim Männchen. Sonst sind die Zeichnungsmerkmale identisch.
Juvenile Vögel: Nach Verlassen des Nestes gleichen die Jungen im Wesentlichen den Alttieren, die Blauanteile bei den jungen Männchen sind noch mit Grün durchsetzt und etwas blasser.
Verbreitung: *Forpus c. cyanopygius* hat sein Verbreitungsgebiet in West Mexiko von Sinaloa und West-Durango bis nach Süd-Colima.

b) Mexikanischer Insel-Sperlingspapagei, Tres-Marias-Sperlingspapagei *(Forpus c. insularis)*

Erstbeschreibung: *Forpus c. insularis*, Ridgway, 1888.

Adulte Männchen: Stirn, Zügel, Wangen und Hals gelblich grün, Hinterkopf, Rücken und Flügeldecken dunkelgrün mit leicht gräulichem Anflug, ebenso Unterschwanzdecken und Schwanzoberseite. Brust und Bauch blass blaugrün. Etwas dunkler. Schnabel bleigrau mit hornfarbener Spitze.
Adulte Weibchen: Ähneln sehr stark den Weibchen der Nominatform, sind wie die Männchen insgesamt etwas dunkler grün, besonders auf den Oberflügeldecken und im Wangenbereich, ein leicht bläulich grüner Anflug auf dem Bauch ist möglich. Die Unterscheidungsmerkmale sind sehr gering, eine Bestimmung bei einzelnen Vögeln ohne Vergleichsmaterial ist selbst für erfahrene Halter und Züchter sehr schwierig. Diese minimalen Unterschiede, speziell bei den Weibchen, finden wir bei den anderen Sperlingspapageien, die Unterarten bilden, meistens auch.

Bei ausgebreitetem Flügel kann man die typische Flügel- und Bürzelzeichnung dieser Art sehr gut erkennen.

Juvenile Vögel: Wie bei der Nominatform.
Verbreitung: *Forpus c. insularis* kommt ausschließlich auf den Tres-Marias-Inseln, die vor der westmexikanischen Küste liegen, vor.

Blaubürzel-Sperlingspapageien in ihrem Lebensraum

Der Lebensraum umfasst alle offenen Landschaftstypen und lichte Laubwälder in der trockenen, tropischen Zone bis auf eine Höhe von 1300 m über NN. Bevorzugt wird die unmittelbare Umgebung von Wasserläufen. Von den Blaubürzel-Sperlingspapageien sind jahreszeitliche Wanderungen in Abhängigkeit von der Nahrungssuche bekannt, Arndt berichtet dabei von gelegentlichen Gemeinschaftsschwärmen mit Elfenbeinsittichen (*Aratinga canicularis*).

Außerhalb der Brutzeit wurden Beobachtungen von kleinen Schwärmen mit 10 bis 50 Vögeln dokumentiert, aber auch einzelne Paare lassen sich beobachten, die sich den kleineren Gruppen oder Schwärmen nicht anschließen. Vor allem in den frühen Morgenstunden oder am Abend sind die Blaubürzel-Sperlingspapageien besonders aktiv, wenn die Futter- und Wasserplätze aufgesucht werden. Der Flug ist rasant mit schnellen Flügelschlägen, wobei oft in geringer Höhe über dem Boden geflogen wird.

Durch ihre überwiegend grüne Gefiederfärbung sind sie in den Laubbäumen kaum zu erkennen, dafür aber durch ihre ständigen Kontaktrufe, die auch während des Fluges ausgestoßen werden, akustisch gut zu orten.

Einzelheiten zu den Brutgewohnheiten im Freiland sind nicht bekannt, die Brutzeit soll im Juni und Juli liegen.

Ernährungsweise

Auf dem Speiseplan stehen Sämereien, Grassamen, Beeren, verschiedene halbreife und reife Früchte. Bevorzugt scheinen auch Feigenbäume aufgesucht zu werden.

Status Waren die Blaubürzel-Sperlingspapageien auf dem Festland in früheren Jahren verhältnismäßig häufig anzutreffen, gehen die Populationen in den letzten Jahren nicht nur lokal zurück. Deutliche Bestandsrückgänge in den letzten Jahrzehnten gibt es offenbar bei *Forpus c. insularis*, hier kann von einer starken Gefährdung ausgegangen werden.

Blaubürzel-Sperlingspapageien in menschlicher Obhut

Das Datum der Ersteinfuhr lässt sich nicht mehr genau nachvollziehen. In einigen Quellen findet man den Hinweis, dass der Blaubürzel-Sperlingspapagei erstmals vermutlich von August Fockelmann im Jahre1924 eingeführt wurde. E. Schütze schreibt in seinem Bericht über die Zucht der Blaubürzel-Sperlingspapageien, dass im Jahre 1923 mit einer größeren Sendung aus Mexiko auch 15 Sperlingspapageien nach Deutschland gelangt seien. Er erwarb ein Paar dieser Vögel und brachte die Blaubürzel-Sperlingspapageien in einer 4 m langen Voliere gemeinsam mit Prachtfinken unter.

Nachdem ein Jahr lang nichts passiert war, gelang 1925 die Zucht. Es war in Deutschland die Erstzucht und da sich sonst kein früherer Hinweis auf eine erfolgreiche Zucht finden lässt, könnte es sich sogar um die Welterstzucht handeln. Aus Dänemark wurde 1926 eine erfolgreiche Zucht bei Christensen gemeldet, in England gab es 1927 bei Mrs. Godard einen Zuchterfolg. Danach gelangen weitere regelmäßige Zuchterfolge, aber nie in größerer Zahl. Dies ist so geblieben, derzeit werden nur von mehreren Paaren aus der Schweiz regelmäßige Zuchterfolge vermeldet.

Haltung

Es empfiehlt sich eine reine Innenvoliere oder eine kombinierte **Innen- und Außenvoliere**, der Innenraum muss in jedem Fall **frostfrei** sein und eine Unterbringung bei 10 °C oder mehr gewährleisten. Das „Gutachten über Mindestanforderungen an die Haltung von Papageien" setzt bei der Haltung eine Volierengröße von 1,0 × 0,5 × 0,5 m (Länge × Breite × Höhe) und eine Grundfläche des Schutzhauses bei kombinierten Innen- und Außenvolieren von 0,5 m² voraus. Die Temperatur im Schutzraum darf 10 °C nicht unterschreiten. Diese Anforderungen gelten im Übrigen für alle *Forpus*-Arten. Eine **paarweise** Unterbringung ist angezeigt. Jungvögel oder auch Zuchttiere können nur zu Mehreren vergesellschaftet werden, wenn man die **Geschlechter trennt** und nicht in unmittelbar nebeneinander liegenden Absetzvolieren unterbringt.

Ernährung

Auch bei dieser Art scheint es, ähnlich wie bei den Blauflügel-Sperlingspapageien, eine gewisse Abhängigkeit zwischen dem Zuchterfolg und der Fütterung von **Hanf** und **Sonnenblumenkernen** zu geben. Es wurde schon an anderen Stellen auf eine ausgewogene Fütterung möglichst ohne den Einsatz stark fetthaltiger Sämereien hingewiesen. Andererseits konnten wir persönlichen Mitteilungen eines erfolgreichen Züchters aus der Schweiz entnehmen, dass sich bei ihm der **Zuchterfolg** erst eingestellt und bei anderen Paaren spürbar verbessert hat, nachdem die Vögel während der Brutzeit zusätzlich zu ihrem normalen Nahrungsangebot Hanf und Sonnenblumenkerne bekommen hatten. Diese wurden zwar rationiert, aber täglich gereicht. Nach Beendigung der Zuchtphase stellte er die zusätzliche Gabe ein und setzte die Zuchtvögel in eine Voliere um.

Fortpflanzung

In der Zuchtphase ist eine paarweise Unterbringung in Zuchtvolieren oder Zuchtboxen unumgänglich. Vergesellschaftung mit anderen Arten, Ausnahme sind hier vielleicht in größeren Volieren einige Prachtfinkenarten, scheitert an der **Aggressivität** der Sperlingspapageien. Die Mindestanforderungen an die Unterbringungen während der Zuchtperiode geben als Maße der Zuchtbox 80 × 40 × 40 cm für alle *Forpus*-Arten an.

Bei den Blaubürzel-Sperlingspapageien, die mit einer Körpergröße von 14 cm zu den größeren Arten zählen, ist unserer Meinung nach eine Zuchtbox unter einem Meter Länge nicht geeignet.

Anfang der 1980er Jahre konnten wir durch einen Zufall ein Paar Blaubürzel-Sperlingspapageien erwerben, die in einem Import eher zufällig und unerkannt mit anderen Arten mitgekommen waren. Der Importeur bezeichnete die kleinen Vögel als „Füllware“, die er zwar nicht bestellt aber berechnet bekommen hatte und ohne die der Rest der Sendung auch nicht angekommen wäre. Die Neuerwerbungen bezogen bei uns eine **geräumige Holzbox** Marke Eigenbau von etwa 140 × 40 × 120 cm (L × B × H), die mit unterschiedlichen Sitzgelegenheiten und einem Wellensittichkasten im Querformat ausgestattet war. Die Blaubürzel-Sperlingspapageien lebten sich offenbar gut ein, verbrachten aber die meiste Zeit im **Nistkasten**, wenn man sich im Zuchtraum aufhielt. Dieses Verhalten wurde auch nach der Eingewöhnungsphase beibehalten, allerdings fand die Holzkonstruktion großen Anklang, denn in den Zeiten wo sich die Vögel ungestört fühlten, wurden alle Rahmenteile kräftig benagt und Späne produziert.

Überraschend schnell kam es bei diesem Paar zu einem **Bruterfolg**. Von einer Balz, Partnerfüttern oder einer Kopulation war nichts zu bemerken, erst die leichte Wölbung am Hinterleib des Weibchens und das Absetzen von größeren Mengen dünnflüssigem Kot ließ den Beginn der Legephase erkennen. Nistkastenkontrollen wurden so weit es ging vermieden, um die Vögel nicht unnötig zu beunruhigen, denn weiterhin hielt sich auch das Männchen beim Aufenthalt im Zuchtraum im Nistkasten auf. Bei einer günstigen Gelegenheit konnte ein **Gelege** mit fünf Eiern festgestellt werden, von denen vier befruchtet waren.

Brut und Aufzucht

Ausgehend von der Annahme dass ab dem 2. Ei fest gebrütet wurde, konnten wir nach 21 Tagen Brutzeit das erste Piepsen aus dem Nistkasten vernehmen. Wenn beide Altvögel zur Nahrungsaufnahme den Kasten verlassen hatten, konnte in dieser Zeit ohne Risiko eine Kontrolle durchgeführt werden. Insgesamt waren vier **Jungvögel** geschlüpft und bisher gut versorgt worden. Im Alter von 10 Tagen wurden die Jungvögel mit 4,0 mm Ringen **beringt**, zu diesem Zeitpunkt waren die Augen geöffnet. Bereits im Nest konnte festgestellt werden, dass es sich bei allen vier Nestlingen um Männchen handelte. Nach gut vier Wochen flogen die Jungvögel aus und wurden noch gut zwei Wochen von den Altvögeln versorgt. Bereits wenige Tage nach dem Ausfliegen konnten die Jungvögel bereits am Futterplatz beobachtet werden, ob sie dabei tatsächlich schon selbstständig Nahrung aufnahmen, war nicht definitiv festzustellen.

Leider ging das Zuchtweibchen kurze Zeit nach diesem Bruterfolg damals ein. Es war unmöglich, für die Herrenriege eine artgleiche Partnerin zu bekommen. Wenn gelegentlich diese Vogelart angeboten wurde, dann waren es fast immer einzelne Männchen oder komplette Paare.

Hinweis Berichte und Erfahrungen zur Fortpflanzung der Blaubürzel-Sperlingspapageien sind sehr selten. Dann weichen die Daten teilweise sehr stark voneinander ab. Die Gewichtsangaben schwanken zwischen 30 und 40 g, die Brutdauer zwischen 19 bis 24 Tagen. Die Gelegegrößen liegen zwischen drei und neun Eiern und auch die Angaben zur Nestlingsdauer variieren um mehr als eine Woche. Bei der Dokumentation des Brutverlaufs in Menschenobhut gibt es also beinahe solche Defizite wie bei den Freilanddaten.

Mutationen
Bei den Blaubürzel-Sperlingspapageien sind keine Mutationen in Menschenobhut bekannt.

Grünbürzel-Sperlingspapagei
Forpus passerinus

Engl.: Green-rumped Parrotlet
Franz.: Toui ètè
Span.: Cotorrita Culiverde

a) Grünbürzel-Sperlingspapagei *(Forpus p. passerinus)*

Erstbeschreibung: Als *Psittacus passerinus* durch Linneaus (Linnè), 1758, Surinam.

Neben der Nominatform sind vier weitere Unterarten beschrieben. In früheren Nomenklaturen wurden die Blauflügel-Sperlingspapageien ebenfalls als *Forpus passerinus* geführt und bildeten mit den Grünbürzel-Sperlingspapageien eine Superspezies, was zu allgemeiner Verwirrung führte. Heute sind die Grünbürzel- klar von den Blauflügel-Sperlingspapageien getrennt.

Bei der Freilandaufnahme dieses Paares Amazonas-Grünburzel-Sperlingspapageien kann man besonders gut die für diese Unterart typische, kräftig gelbe Stirn des Weibchens erkennen (Foto Karl-Heinz Lambert).

Beschreibung: Schlanke, leicht gedrungene Gestalt mit gerader Rückenlinie und einer Gesamtlänge von 12 cm. Die Haltung ist aufrecht, etwa in einen 55 bis 60 Grad-Winkel, der Kopf ist schmal, aber etwas rundlich, der Schnabel leicht vorstehend. Die Flügel werden eng anliegend getragen, nicht kreuzend, bis zum verhältnismäßig kurzen, keilförmigen Schwanz.
Adultes Männchen: Maske grasgrün, Nacken und Oberrücken mit zartgrauem Überhauch, Flügeldecken und Rücken dunkelgrün, Bürzel leuchtend smaragdgrün. Brust und Bauch hellgrün, Flügelbug und untere Flügeldecken kobaltblau, obere Handschwingen Außenfahnen dunkelgrün, Innenfahnen anthrazit. Die oberen Armschwingen sind türkisblau (Flügelspiegel), die Oberschwanzdecken hellgrün mit gelben Säumen, die Unterschwanzdecken hellgrün. Schnabel, Nasenhaut, Ständer und Füße sind hell fleischfarben, die Krallen hellbraun, die Augen dunkelbraun mit schwarzer Pupille.
Adultes Weibchen: Grundfarbe wie beim Männchen, allerdings ohne jedes Blau. Arttypisch ist bei den Weibchen ein leicht gelblicher Schimmer im Bereich von Stirn und Zügel, der individuell unterschiedlich stark ausgeprägt ist und ohne scharfe Abgrenzung in Grün übergeht. Die Handschwingen weisen weniger Grün auf als bei den Männchen und sind insgesamt noch dunkler. Die Bürzelfarbe ist ebenfalls smaragdgrün, aber nicht so leuchtend wie bei den Männchen.

Juvenile Vögel: Nach Verlassen des Nestes gleichen die Jungen im Wesentlichen dem Weibchen, wobei die jungen Männchen bereits die ersten Blauanteile im Gefieder erkennen lassen.
Verbreitung: Die Nominatform *Forpus p. passerinus* ist in den Küstenregionen von Guyana, Surinam und Französisch Guayana beheimatet.

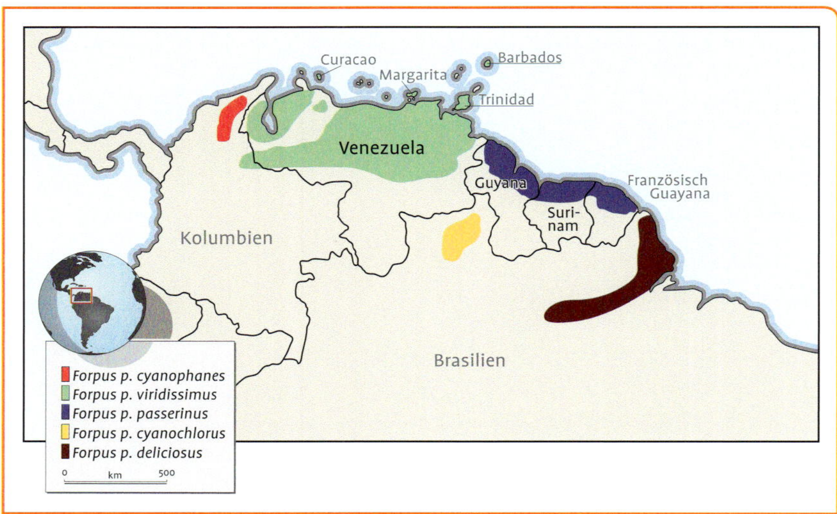

Verbreitungsgebiete der Grünbürzel-Sperlingspapageien.

b) Venezuela Grünbürzel-Sperlingspapagei
(Forpus p. viridissimus)

Erstbeschreibung: *Forpus p. viridissimus*, Lafresnaye, 1848.

Adulte Männchen: Wie die Nominatform, aber Unterflügeldecken blass blaugrün, nur die Achselfedern und die kleinen Unterflügeldecken sind noch violettblau. Das Gefieder wird in Ost-West-Ausdehnung des Verbreitungsgebietes dunkler und intensiver im Grünton als bei der Nominatform.
Adulte Weibchen: Wie die Nominatform, aber ebenfalls mit einer Zunahme der Farbintensität im Grünton in der Ost-West-Ausdehnung.
Juvenile Vögel: Wie Nominatform.
Verbreitung: *Forpus p. viridissimus* ist in Nord-Venezuela, Nord-Bolivar und in Nordost-Kolumbien in der Provinz Norte de Santander zu finden und wurde auf den Inseln Trinidad, Jamaika, Barbados, Curacao und Margarita eingeführt.

c) Rio-Hacha-Grünbürzel-Sperlingspapagei
(Forpus p. cyanophanes)

Erstbeschreibung: *Forpus p. cyanophanes*, Todd, 1915.

Adultes Männchen: Foto siehe Seite 150, wie die Nominatform, aber Handdecken und einige Flügeldeckfedern violettblau, sodass bei geschlossenem Flügel mehr Violettblau zu sehen ist als bei den anderen Unterarten. Unterflügeldeckfedern teilweise violettblau, die anderen Unterflügeldecken sind blass blaugrau mit violettblau durchsetzt.

Adulte Weibchen: Wie die Nominatform.
Juvenile Vögel: Wie die Nominatform.
Verbreitung: *Forpus p. cyanophanes* hat sein Verbreitungsgebiet in Nord-Kolumbien.

d) Schlegels Grünbürzel-Sperlingspapagei *(Forpus p. cyanochlorus)*

Erstbeschreibung: *Forpus p. cyanchlorus*, Schlegel, 1864.

Adulte Männchen: Wie die Nominatform.
Adulte Weibchen: Mit deutlich gelblichem Anflug im Grün und mit grüner Stirn. Schwanzunterseite mehr grünlich.
Juvenile Vögel: Wie die Nominatform.
Verbreitung: *Forpus p. cyanochlorus* hat sein Verbreitungsgebiet in der Provinz Roraima in Nordwest Brasilien.

Amazonas-Grünbürzel-Sperlingspapagei Männchen, selten hat man im Freiland das Glück, einen Sperlingspapagei so frei sitzend fotografieren zu können (Foto Karl-Heinz Lambert).

e) Amazonas-Grünbürzel-Sperlingspapagei *(Forpus p. deliciosus)*

Erstbeschreibung: *Forpus p. deliciosus*, Ridgway, 1888.

Adulte Männchen: Unterscheiden sich von der Nominatform durch einen blauen Anflug auf dem smaragdgrünen Unterrücken und Bürzel. Dieser Anflug ist besonders auf dem Unterrücken ausgeprägt. Große Flügeldecken grün mit breiter hellblauer Säumung.
Adulte Weibchen: Unterscheiden sich von der Nominatform durch einen gelblichen Überhauch im Grünton und durch eine kräftig gelbe Stirn, die Unterseite des Schwanzgefieders ist gelblich grün.
Juvenile Vögel: Wie die Nominatform.
Verbreitung: *Forpus p. deliciosus* ist entlang beider Seitengebiete des Amazonas in Nord-Brasilen anzutreffen.

Anmerkung

Auch die Grünbürzel-Sperlingspapageien sind ein Beispiel für die oft nur geringen Nuancen zwischen den Unterarten. Gibt es Anhaltspunkte bei den Männchen, lassen sich die Weibchen nur sehr schwer unterscheiden, gibt es bei den Weibchen ein sicheres Merkmal, ist der Unterschied zwischen den Männchen nur minimal. Auch hier gilt, dass eine Bestimmung von Einzelvögeln sehr schwer ist, wenn entsprechende Vergleiche fehlen.

Für den Halter und Züchter wirft dies die Frage auf, ob die gehaltenen Paare überhaupt zur gleichen Unterart gehören. Sicherlich hat es in den zurückliegenden Jahren schon sehr viele Verpaarungen verschiedener Unterarten gegeben, speziell solange noch Importe zu uns gekommen sind. Hier hätte man durch Kenntnis des Ursprungslands einen Bezug zur Unterart herstellen können, diese Mühe hat man sich aber nicht immer gemacht.

Die Nachzuchten aus Verpaarungen verschiedener Unterarten werden immer wieder als Grünbürzel-Sperlingspapagei angeboten, eine Bezeichnung der Unterarten findet man dabei fast nie. Es erscheint uns wahrscheinlich, dass ein Großteil der in unseren Zuchtanlagen befindlichen Vögel, speziell auch der Weibchen nicht mehr unterartenrein ist.

Status Häufig, örtlich sogar sehr häufig anzutreffen. Offenbar hat diese Art von den Rodungen profitiert, da die Bestände in diesen Gegenden zumindest in den letzten Jahrzehnten angestiegen sind.

Grünbürzel-Sperlingspapageien in ihrem Lebensraum

Grünbürzel-Sperlingspapageien kommen aus den wärmsten Gebieten Südamerikas und sind in den unterschiedlichsten Vegetationsformen zu finden: Savannen und offene Gebiete mit Büschen und Baumbestand, Dornbuschsavannen, Weideland und landwirtschaftliche Nutzflächen, die Ränder von Regenwäldern und Mangroven. Es gibt Sichtmeldungen bis in 1800 m über NN. Durch ihre fast vollständig grüne Färbung sind sie im Freiland praktisch nicht zu sehen, wenn sie sich in Bäumen und Büschen aufhalten, was sie bevorzugt tun. Auch bei der Nahrungsaufnahme auf dem Boden ist die Tarnung perfekt.

Außerhalb der Brutzeit sind die Vögel paarweise, in kleinen Gruppen bis zu zehn Individuen oder örtlich auch in kleinen Schwärmen anzutreffen. Grünbürzel-Sperlingspapageien sind aktiv und ständig in Bewegung, ihr Flug ist schnell und wellenförmig. In der sehr heißen Mittagszeit ziehen sie sich zu einer Ruhephase in den Schatten der Bäume zurück. Örtlich wurden jahreszeitliche Wanderungen beobachtet. Die Schwärme sind fast immer zu hören, da sie häufig Kontaktrufe ausstoßen und auch sonst durch ihr ständiges Gezwitscher auffallen.

Ernährungsweise

Zum Nahrungsspektrum gehören Sämereien in verschiedenen Reifezuständen, Beeren, Früchte, Knospen, Blüten und Kaktusfrüchte.

Fortpflanzung

Brutbeginn fällt in den Zeitraum Mai bis August, in Surinam wurden auch frühere Bruten registriert. Als Nistgelegenheiten nutzen die Vögel hohle Äste, abgestorbene Baumstümpfe und andere, teilweise künstliche Schlupflöcher wie Rohre. Je nach Nistplatzwahl können die Nester teilweise in geringeren Höhen zu finden sein. Das Männchen hält sich während der Brut häufig in der Nähe des Nestes auf, das Weibchen verlässt den Nistplatz nur sehr selten.

Männlicher Grünbürzel-Sperlingspapagei der Nominatform. Die typische kobaltblaue Unterflügelzeichnung und der leuchtend smaragdgrüne Bürzel sind sehr gut zu sehen.

Links: Grünbürzel-Sperlingspapagei, Männchen, gut zu erkennen ist der türkisblaue Flügelspiegel.

Rechts: Dem Weibchen fehlt jeglicher Blauanteil im Gefieder, der grüne Bürzel ist gut zu sehen. Bei der Nominatform können die Weibchen einen gelblichen Schimmer im Bereich von Stirn und Zügel haben, der aber unterschiedlich stark ausgeprägt ist, auch gänzlich fehlen kann.

Grünbürzel-Sperlingspapageien in menschlicher Obhut

Erstmals wurde er in Europa von Dr. Karl Ruß um 1870 gehalten, dem im Jahre 1881 auch die Erstzucht gelang. Weitere Zuchten folgten 1894 in England bei Dr. Greene, in den USA bei A. G. Drear im Jahre 1929 und in Dänemark bei C.O. Poulsen 1955. Bei den Grünbürzel-Sperlingspapageien sind sogar Zuchterfolge mit den Unterarten dokumentiert, so unter anderem die Nachzucht von *Forpus p. viridissimus* bei Dr. Plath in Chicago.

Als Beleg für die oben angeführten Verwirrungen durch die früher angewandte Nomenklatur mag die Dokumentation der Nachzucht von *Forpus p. flavissimus* 1962 bei Dalborg-Johansen in Dänemark gelten, einer Unterart des Blauflügel-Sperlingspapageis, wie wir heute wissen. Einige Autoren gehen sogar so weit, bedingt durch die unklaren systematischen Zuordnungen und die Zusammenfassung von Blauflügel- und Grünbürzel-Sperlingspapageien mit all ihren Unterarten zu einer Art, alle diese Angaben teilweise oder ganz anzuzweifeln. Sie schreiben den ersten fachlich fundierten Zuchtbericht über die Grünbürzel-Sperlingspapageien C. af Enehjelm im Jahre 1951 zu. Der damalige Zoodirektor von Helsinki war ein ausgewiesener Fachmann und berichtete über einen Bruterfolg bei seinem Paar, das aus einem Gelege von sieben Eiern problemlos sieben Jungvögel aufgezogen hatte.

Haltung

Die Haltungsanforderungen unterscheiden sich nicht von denen anderer Sperlingspapageien. Als noch Importvögel nach Deutschland kamen, war während der Eingewöhnung eine hohe **Temperatur**, nicht unter 20 °C, unabdingbar, um die Vögel in guter Kondition zu behalten. Hat man die hohen Temperaturen ihrer ursprünglichen Lebensräume nicht berücksichtigt, waren Verluste vorherzusehen. Bei diesen **bewegungsaktiven** Vögeln sollten die Volieren oder Zuchtboxen immer **über** den geforderten **Mindestmaßen** liegen.

Ernährung

Speziell bei den Grünbürzel-Sperlingspapageien ist eine ausgewogene und fettarme Ernährung wichtig. Einerseits neigen sie sehr leicht zur **Verfettung**, andererseits sind sie schwer an neue Futtermittel zu gewöhnen und ernähren sich eher einseitig. Auch hier hilft es häufig, die angebotene Futtervielfalt in einem Futtergefäß als Gemisch zu reichen, um die Akzeptanz zu steigern. **Wildsämereien** und ein **Waldvogelfutter** werden sehr schnell auch von solchen Vögeln aufgenommen, die dieses Futter vorher nicht bekommen haben. Zur Aufzucht nehmen sie gern ein Insektenweichfutter an.

Fortpflanzung

Grünbürzel-Sperlingspapageien sollten zur Zucht unbedingt **allein** gehalten werden. Die Streitlust gegenüber anderen Vögeln in der Zuchtperiode steht in keinem Verhältnis zu ihrer Körpergröße. Die **Zuchtbox** sollte mindestens einen Meter oder mehr in der Länge sein, Höhe und Tiefe mit jeweils 40 cm ist ausreichend. Idealerweise bietet man den Vögeln eine **Innenvoliere** zur Zucht. Wellensittichkästen im Querformat oder der spezielle **Kunststoffnistkasten** für Sperlingspapageien (siehe Foto Seite 24) haben sich in der Zucht bewährt.

Anfang der 1990er Jahre bekamen wir unsere ersten Grünbürzel-Sperlingspapageien. Sie erwiesen sich zunächst als überaus **scheu** und ängstlich. Beim Betreten des Zuchtraums waren die Vögel im Nistkasten verschwunden und blieben es, bis wir den Raum verlassen hatten. Sie erinnerten ein wenig an das häufig in ähnlicher Form beschriebene Verhalten von *Agapornis canus*, der auch in dem Ruf stand, einen ganzen Zuchtraum in Panik versetzen zu können. Mit der Zeit legte sich die Scheu ein wenig, nie aber stellte sich das vertraute Verhalten anderer Sperlingspapageienarten ein.

Brut und Aufzucht

Ebenso heimlich begannen diese Vögel mit der Brut. Der Nistkasten war von außen angebracht und so leicht und ohne Hantieren innerhalb der Zuchtbox zu kontrollieren. Das Gezeter der Vögel dabei war trotzdem groß, obwohl wir versucht hatten, die Grünbürzel langsam an **Nistkastenkontrollen** schon vor dem erhofften Zuchtbeginn zu gewöhnen. Das **Gelege** umfasste vier Eier, die zuverlässig bebrütet wurden. Da die erste Eiablage nicht registriert worden war, konnte auch die Brutdauer nicht exakt bestimmt werden.

Der erfolgte **Schlupf** der Jungen konnte nicht überhört werden, das Piepsen war gut zu vernehmen. Nach einigen Tagen versuchten wir vorsichtig, die Jungvögel zu kontrollieren, was das hudernde Weibchen überhaupt nicht dulden wollte und mit heftigen Attacken quittierte. Erst als beide Vögel zur Futteraufnahme außerhalb des Nistkastens waren, konnten wir die Jungvögel kontrollieren. Es war bereits höchste Zeit für die **Beringung** mit 4,0 mm Ringen.

Mit dem Aufbrechen des Großgefieders war es dann um die Nachzucht geschehen. Ohne einen offensichtlichen Grund hatten die Altvögel alle drei Jungvögel im wahrsten Sinne des Wortes zerlegt. Wir hatten weder Keim- oder Quellfutter noch Hanf gefüttert, sodass ein **fütterungsbedingter**, übermäßiger **Bruttrieb** des Männchens nicht als Grund hätte in Betracht kommen können. Bei späteren Zuchten, auch mit anderen Paaren verliefen Brut und Aufzucht ohne Probleme.

Die Gelegegröße kann zwischen drei und sieben Eiern variieren, im Normalfall umfasst es vier bis fünf, die 20 bis 22 Tage bebrütet werden. Die Jungen verlassen den Nistkasten nach vier bis fünf Wochen und sind nach zwei weiteren Wochen selbstständig. Mit den Anzeichen für eine bevorstehende Brut sollten die **Nachzuchten abgesetzt** werden. Wenn man die Jungtiere in Absatzvolieren unterbringen kann, empfiehlt sich eine **Trennung** nach **Geschlechtern**, dann ist auch das spätere Dazusetzen weiterer Nachzuchttiere möglich. Dies gelingt nicht ohne Risiko, wenn die Jungvögel einer Brut in einer Box zur weiteren Entwicklung abgesetzt werden, das hat uns die Erfahrung gelehrt.

Mutationen

Auch bei den Grünbürzel-Sperlingspapageien sind im Laufe der Zeit die ersten Mutationen entstanden wie die dunkelfaktorige und die Mutation Misty, Näheres dazu Seite 146.

Blauflügel-Sperlingspapagei

Forpus crassirostris

Verbreitungskarte siehe Seite 106.

Engl.: Blue-winged Parrotlet
Franz.: Toui de Spix
Span.: Contorrita Aliazul

Allgemeine Bemerkungen zur Systematik der Blauflügel-Sperlingspapageien

Bei keiner anderen Sperlingspapageienart gab es in den letzten Jahren derart viele und oft von Systematiker zu Systematiker unterschiedliche Veränderungen wie bei den Blauflügel-Sperlingspapageien. Wir verfahren auch hier nach dem Handbook of the Birds of the World. Trotzdem und gerade deswegen ein Blick auf andere Einordnungen.

Bei Arndt findet man die Nominatform unter *Forpus xanthopterygius xanthopterygius,* der er vier weitere Unterarten zuordnet. *Forpus spengeli*,

Santa-Cruz-Blauflügel-Sperlingspapagei im Freiland bei der Nahrungsaufnahme am Boden (Foto Karl-Heinz Lambert).

Blassgelber Blauflügel-Sperlingspapagei, bei dieser Unterart zeigen auch die Männchen um den Schnabel einen gelben Gefiederbereich.

der Kolumbianische Sperlingspapagei, wird dabei als eigene Art betrachtet. Juniper & Parr bezeichnen bei ihrer Systematik den Blauflügel-Sperlingspapagei wie im Handbook als *Forpus c. crassirostris*, und stellen mit *F. c. vividus*, *F. c. flavissimus*, *F. c. olallae*, *F. c. spengeli* und *F. c. flavescens* fünf weitere Unterarten auf. Hier wird *Forpus c. spengeli* also nicht als eigene Art betrachtet. In den Systematiken, die *Forpus x. xanthopterygius* als Nominatform des Blauflügel-Sperlingspapageis führen, wurde *vividus* durch *xanthopterygius* ersetzt, was etwas vereinfacht ausgedrückt heißt, dass bei einer Systematik eine Art die nominative Form ist, während diese Art bei einer anderen Systematik als Unterart und zudem unter einer anderen Bezeichnung geführt werden kann.

Auf diese Zuordnung stützen sich natürlich auch die Beschreibung der Nominatform und die Differenzbeschreibungen der Unterarten. Früher wurden Blauflügel-Sperlingspapageien und Grünbürzel-Sperlingspapageien als eine Spezies betrachtet und mit insgesamt elf Unterarten unter *Forpus passerinus* geführt. Dies macht die Gesamtbetrachtung dieser Art nicht unbedingt leichter. Daraus resultieren dann auch heute noch existierende Hinweise in einigen Werken, bei denen *Forpus spengeli* noch als Unterart von *Forpus passerinus* geführt wird, obwohl die Trennung von Blauflügel- und Grünbürzel-Sperlingspapagei bereits vollzogen ist.

Gründe für die taxonomischen Veränderungen

Der Blauflügel-Sperlingspapagei wurde 1824 von Spix als *Forpus xanthopterygius* beschrieben. Bereits im Jahre 1905 veröffentlichte Hellmayr, dass es sich bei dem Typusexemplar um *Brotogeris chiriri*, einen immaturen Kanarienflügelsittich gehandelt hat. Nach den Regeln der Nomenklatur hätte beim Blauflügel-Sperlingspapagei damit der frühest verfügbare Name Priorität bekommen und der 1883 von Taczanowski beschriebene *Forpus crassirostris* als Nominatform geführt werden müssen.

Im Jahre 1945 wurde in einer systematischen Aufarbeitung die Gattung *Forpus* neu bewertet, hier wurde auch *Forpus passerinus* und *Forpus crassirostris* getrennt und in die beiden bekannten Arten mit den entsprechenden Unterarten unterteilt. Gyldenstolpe nahm bei dieser Ausarbeitung jedoch die Bezeichnung *Forpus xanthopterygius* wieder auf, obwohl dies fehlerhaft und unbegründet war und so setzte sich die Namensgebung von Spix in der ornithologischen Literatur durch.

Erst 1978 wies der Brasilianer Olivèro Pinto auf die falsche Namensgebung hin, aber da seine Arbeit in Europa kaum verfügbar war, behielt der Blauflügel-Sperlingspapagei noch eine ganze Weile seinen eigentlich falschen, lateinischen Namen. Es dauerte bis zum Jahr 1996 als von Stotz et al. für die Nominatform der Name *Forpus crassirostris* aus den oben genannten Gründen wieder eingeführt wurde.

Zu den nachfolgenden Beschreibungen

Diese Verwirrung betrifft nicht nur die unterschiedliche Beurteilung der Nominatform, sondern auch die Bewertung der Unterarten, vor allem da häufig kaum Unterschiede zu der jeweils angenommen Nominatform bestehen und außerdem deren Berechtigung teilweise angezweifelt wurde.

Dieses ganze Szenario rief natürlich erhebliche Unsicherheiten bei den Haltern und Züchtern dieser Art hervor. Hinzu kommt, dass bei den Weibchen einzelner Unterarten bei bloßer Betrachtung keine Unterschiede festgestellt werden können, während bei den Männchen an den Flügel- und Unterflügelzeichnungen, speziell bei *F .c. flavissimus* und *F. c. spengeli* noch Zuordnungen möglich sind. Mit Sicherheit war das Verpaaren von Unterarten aus Unkenntnis oder Ermangelung eines passenden Partners die Folge davon.

In Zeiten von Im- und Exportverboten ist mit der Einfuhr von Blauflügel-Sperlingspapageien, die durch Kenntnis ihres Ursprunglandes eindeutig einer gültigen Art oder Unterart zugeordnet werden können, in absehbarer Zeit nicht mehr zu rechnen. Daher haben wir uns entschlossen, hier die von Fachgremien der großen in- und ausländischen Zuchtverbände und *Forpus*-Interessengemeinschaften erarbeitete Beschreibung für den Blauflügel-Sperlingspapagei, die fast überall deckungsgleich ist, mit einigen Ergänzungen zu übernehmen. Berücksichtigt man, dass die nominative Form *Forpus c. crassirotris* derzeit wohl nicht in unseren Zuchtanlagen zu finden ist und dass in der gängigen Literatur teilweise die Beschreibung nicht einmal mit dem beigefügten Bildmaterial übereinstimmt, scheint uns dies zwar ein ungewöhnlicher, aber sinnvoller Weg.

Beschreibung: Die zierliche Gestalt in länglicher Tropfenform weist eine Gesamtlänge von 125 mm auf. Haltung etwa 60 Grad, die Rückenlinie zwischen Nacken und Obernacken leicht eingezogen, ansonsten gradlinig. Die Flügel werden eng anliegend getragen und reichen bis an das Ende des Schwanzgefieders, ohne sich zu kreuzen. Der Kopf ist leicht gewölbt, der Schnabel nicht ganz eingezogen. Gewicht circa 30 Gramm.
Adultes Männchen: Die Grundfarbe des Gefieders ist ein Grün in unterschiedlicher Farbintensität. Stirn, Gesicht, Augenregion und Kehle sind hellgrün, zur Brust nicht abgegrenzt. Der Augenstrich ist schwach smaragdgrün, während Ohrgegend und Oberkopf grün sind. Brust und Bauch

sind hellgrün, Nacken und Oberrücken sind dunkelgrün. Der Unterrücken, der Bürzel und die Handdecken sind violettblau, die Flügeldecken dunkelblau, zum Körper hin heller werdend. Der Flügelbug ist grün, kann aber einzelne dunkelblaue Federn aufweisen. Bei den Handschwingen ist die Oberseite der Außenfahnen dunkelgrün, die Oberseite der Innenfahnen grau, die Armschwingen sind an der Oberseite der Außenfahnen dunkelgrau während die der Innenfahnen graublau ist und zum Körper hin blau wird. Die unteren Armschwingen und die Handschwingen sind grau, die unteren Flügeldecken dunkelblau. Das Oberschwanzgefieder ist leuchtend grün, das Unterschwanzgefieder hellgrün. Die Augen sind dunkelbraun mit schwarzer Iris, der schmale, unbefiederte Augenring ist hellgrau. Schnabel, Nasenhaut, Ständer, Füße und Krallen sind bräunlich hellgrau.
Adultes Weibchen: Die Grundfarbe ist in sämtlichen Gefiederpartien heller als beim Männchen, alle blauen Abzeichen des Männchens sind bei den Weibchen grün. Stirn, Gesicht, Augenregion und Kehle sind hellgrün mit einem gelblichen Überhauch. Unterrücken, Bürzel und Oberschwanzdecken sind grün.
Juvenile Vögel: Nach Verlassen des Nestes gleichen die Jungen im Wesentlichen den Altvögeln, wobei die jungen Männchen nicht so intensiv in der Zeichnung sind. Besonders die violettblauen Flügelpartien sind blasser, Bürzel und Unterflügeldecken sind grün mit violettblau oder blau durchsetzt.

a) Blauflügel-Sperlingspapagei *(Forpus crassirostris)*

Erstbeschreibung: Als *Psittacula crassirostris,* 1883 durch Taczanowski; Yurimaguas, Peru. Früher eine Superspezies mit *Forpus passerinus,* allgemein auch als *Forpus x. xanthopterygius* bezeichnet, bis sich 1905 zeigte, dass sich diese Erstbeschreibung auf einen immaturen *Brotogeris chiriri* bezogen hatte.

Verbreitungsgebiete der Blauflügel-Sperlingspapageien.

Links: Bei den Blauflügel-Sperlingspapageien lassen sich die Unterarten oft gut an den Flügelzeichnungen bestimmen. Hier die Unterflügelzeichnung eines männlichen Blassgelben Blauflügel-Sperlingspapageis.

Rechts: Die Flügelzeichnung des männlichen Vogels in der Draufsicht, zu sehen auch der typische, gelbe Bereich um den Schnabel.

Forpus c. crassirostris, die Nominatform, unterscheidet sich durch einen im Vergleich zur Größe deutlich wuchtigeren und breiteren Schnabel zur vorstehenden Beschreibung und ist etwas kleiner als oben angegeben. Dies gilt auch für das Weibchen. Neben der nominativen Form sind vier Unterarten beschrieben.

Verbreitung: Die Nominatform *Forpus c. crassirostris* ist von Nord-Peru, Südost Kolumbien und Ost-Ekuador bis nach Nordwest Brasilien verbreitet.

Forpus c. vividus, Ridgway, 1888, gleicht obiger Beschreibung. Er ist in Nord-Argentinien, Paraguay und in Ost- und Südost Brasilien zu finden.

b) Blassgelber Blauflügel-Sperlingspapagei *(Forpus c. flavissimus)*

Erstbeschreibung: *Forpus c. flavissimus*, Hellmeyer, 1929.

Beschreibung: *Forpus c. flavissimus* ist eindeutig von den anderen Unterarten zu unterscheiden.

Adultes Männchen: Gefieder insgesamt etwas gelber im Grundton, Stirn, Bereich um den Schnabel und oberer Halsbereich gelblich bis intensiv zitronengelb. Alle blauen Gefiederteile etwas blasser.

Adultes Weibchen: Gefieder insgesamt etwas gelblicher, Stirn, Bereich um den Schnabel und oberer Halsbereich gelblich bis zitronengelb.

Verbreitung: *Forpus c. flavissimus* findet man in Nordost-Brasilen von Maranhao, Ceara und Paraiba südwärts bis Nord-Bahia.

c) Santa-Cruz-Sperlingspapagei *(Forpus c. flavescens)*

Erstbeschreibung: *Forpus c. flavescens*, Salvadori, 1891.

Adultes Männchen: Insgesamt etwas gelblicher im Grünton, Stirn und Wangen gelbgrün; Bürzelgefieder und Unterflügeldecken blau, große Flügeldecken blass blau; Schwanzunterseite blass bläulich grün.

Adultes Weibchen: deutlich gelblicher im Grünton, Stirn und Wangen gelbgrün, Schwanzunterseite blass bläulich grün.

Verbreitung: *Forpus c. flavescens* ist in Südost-Peru und in Ost-Bolivien in den Provinzen Santa Cruz und Beni beheimatet.

Status Blauflügel-Sperlingspapageien gelten in ihrem Verbreitungsgebiet als häufig, der Bestand im Freiland scheint nicht bedroht zu sein. Lokal sind sie allerdings selten anzutreffen.

d) Kolumbianischer Sperlingspapagei *(Forpus c. spengeli)*

Erstbeschreibung: *Forpus c. spengeli*, Kolumbianischer Sperlingspapagei, Hartlaub, 1885.

Adultes Männchen: Gelblich grün, Stirn, Scheitel und Kopfseiten mehr grünlich, Nacken und Hinterkopf mit leicht gräulichem Anflug. Unterrücken und obere Oberschwanzdecken hellblau, Unterflügeldecken violettblau mit hellblauen Federn vermischt.
Adultes Weibchen: Stirn und Zügel gelb, Grundfarbe gelblich grün.
Verbreitung: *Forpus c. spengeli* hat in Nord-Kolumbien seine Heimat.

Blauflügel-Sperlingspapageien in ihrem Lebensraum

Der Blauflügel-Sperlingspapagei besitzt mit seinen Unterarten das größte Verbreitungsgebiet innerhalb der Gattung *Forpus*. Entsprechend unterschiedlich sind die Lebensräume und die klimatischen Gegebenheiten. Trockene, offene und halboffene Gebiete mit Busch- und Baumbestand, offene Wälder, Dornbuschsavannen, Sekundärvegetation, die Ränder von Regen-

Blauflügel-Sperlingspapageien, die den derzeit von den Zuchtverbänden und Interessengemeinschaften als Nominatform beschriebenen Vögeln entsprechen.

wäldern, küstennahe Palmenhaine, Anbaugebiete, Parkanlagen und auch stadtnahe Gebiete gehören zu den vielfältigen Lebensräumen dieser Art. Paarweise und in kleinen Gruppen kann man Blauflügel-Sperlingspapageien außerhalb der Brutzeit beobachten. Beim An- und Abfliegen zu den Nahrungs- und Schlafbäumen können auch größere Ansammlungen unterwegs sein. Der Flug ist schnell und leicht wellenförmig und von ständigen Rufen begleitet.

Wir konnten bei einem Brasilienaufenthalt mehrfach diese Vögel beim Aufsuchen ihrer Schlafbäume, die in einer riesigen, hoteleigenen Parkanlage standen, beobachten. Mit Einsetzen der Dämmerung und nur noch einem Rest von Tageslicht fielen die Schwärme lärmend in die Bäume ein. Wenn man den Schwarm hörte, waren die Vögel auch schon fast in den dichten Laubbäumen verschwunden. Bei diesen Lichtverhältnissen konnte man die Vögel im Baum weder ausmachen noch fotografieren. Mit dem ersten Tageslicht waren die Blauflügel-Sperlingspapageien dann bereits wieder verschwunden. Offenbar fühlten sie sich in diesem Gelände sehr sicher, denn sie kamen zum Nächtigen sogar in Bäume in unmittelbarer Nähe der Gebäude. Allerdings nicht während der heißen Mittagsstunden, dann konnte man die Sperlingspapageien bei ihrem Anflug nur hören, aber nicht sehen. An einigen Abenden fanden sich sicher hundert und mehr Individuen zur Nachtruhe ein.

Ernährungsweise

Zur Nahrungsaufnahme kommen die Vögel auch auf den Boden, um dort nach Grassamen zu suchen. Beeren, Früchte, Pflanzenteile wie Knospen und Blüten stehen ebenfalls auf ihrem Speisezettel.

Fortpflanzung

Die Brutsaison fällt in die Monate Mai bis August. Als Nistgelegenheiten nutzen die Vögel hohle Äste und abgestorbene Baumstümpfe. Über das Brutverhalten im Freiland liegen nur wenige Berichte vor, bei der geographisch isolierten Unterart *Forpus c. spengeli* findet man sogar häufiger die Bemerkung „unbekannt" in der Literatur.

Blauflügel-Sperlingspapageien in menschlicher Obhut

Bereits 1682 sollen importierte Blauflügel-Sperlingspapageien in einer Menagerie in Frankreich gehalten worden sein. Es gab Erwähnungen oder Beschreibungen aus dem Jahr 1648 von Marcgrave und 1767 von Linné, der mit seiner binären Nomenklatur einen Meilenstein in der wissenschaftlichen Einordnung und Beschreibung aller Tiere gesetzt hat. Mehr als einhundert Jahre später 1883 wurden sie dann wissenschaftlich erstmals korrekt beschrieben. Ein bemerkenswerter Zuchtbericht liegt aus dem Jahr 1867 von Ruß vor. Er konnte damit als Erster beweisen, dass nur die Männchen blaue Gefiederabzeichen besitzen. Bis dahin war man davon ausgegangen, die grünen Vögel gehörten einer anderen Art an. Zuchterfolge mit der Unterart *Forpus c. spengeli* gab es 1953 im Broockfield Zoo Chicago und 1958 bei R. W. Drury in England.

Haltung

Alle Unterarten kommen aus subtropischen oder tropischen Zonen, damit schließt sich eine ganzjährige Unterbringung in **Freivolieren** von selbst aus. Die geforderte Mindesttemperatur von 10 °C bei der Unterbringung im

Bei der Unterart *Forpus c. spengeli* weisen die Männchen die hellsten Blautöne in der Unterflügelzeichnung aller männlichen Blauflügel-Sperlingspapageien auf. Auch die Weibchen bei dieser Unterart zeigen Gelb in Stirn und Zügel.

Gutachten über die Mindestanforderungen ist ausreichend für die Haltung. Bei einer Zucht sollte die Temperatur aber darüber liegen. Blauflügel-Sperlingspapageien sind verhältnismäßig leise, etwas scheue Vögel, die möglichst **paarweise** untergebracht werden sollten. Alternativ stehen hier wieder kleine Voliere oder größere Flugkäfige zur Auswahl, die auch zur Zucht genutzt werden können.

Das Nagebedürfnis ist gering, frische Zweige werden aber gern benagt, wenn sich die etwas scheuen Blauflügel an die zusätzlich eingebrachten Äste gewöhnt haben. Wir mussten einmal einen frischen, belaubten Zweig nach einigen Stunden wieder entfernen, weil die Vögel nur noch auf dem Boden saßen. Seitdem bringen wir nur **kleine Aststücke** mit einer Klemme an, was sehr gut funktioniert, weil es die Vögel weniger ängstigt.

Ernährung

Bei den Blauflügelsperlingspapageien gibt es hinsichtlich der Ernährung die vielleicht größten Unterschiede in den Erfahrungsberichten der Züchter und Halter. Wird im Allgemeinen bei allen Sperlingspapageien eine Ernährung ohne Sonnenblumenkerne und anderer fetthaltiger Saaten propagiert, vertreten einige erfolgreiche Züchter dieser Art die Auffassung, das ohne einen deutlichen Anteil von **Sonnenblumenkernen** und **Hanf** an der täglichen Futterration in der **Zuchtvorbereitung** und während der Zucht eine erfolgreiche Vermehrung dieser Art nicht möglich sei. Augenscheinlich führte bei einigen Züchtern diese Fütterungsmethode zum Erfolg.

In anderen Zuchtanlagen wird der Zuchterfolg dem Einsatz von **Keimfutter** in unterschiedlichen Grundmischungen, **Kochfutter**, einem hohen Anteil an halbreifen Sämereien oder einem bis zu 40 %igem Anteil von Obst, Gemüse und Weichfutter an der täglichen Futterration zugeschrieben.

Bei unseren Blauflügel-Sperlingspapageien zeigte es sich, dass die Vögel unbekannte Futtermittel sehr lange oder gänzlich ablehnen. **Obst** und **Ge-**

müse nehmen sie frisch nur in **geraspelter** oder sehr fein geschnittener Form an. Die Akzeptanz ist sehr gut, wenn man alternativ getrocknete Gemüsemischungen wie Petersilie, Lauch, Möhren und Ähnliches in einer Mühle fein gemahlen hat und dem Aufzuchtfutter beigemengt. Wie bei vielen unserer gehaltenen Vogelarten wurde dagegen **Waldvogelfutter** vom ersten Tag an aufgenommen, auch wenn es den Vögeln vorher nicht bekannt war. Ebereschenbeeren und Wacholderbeeren bieten wir zwar an, sie werden aber nur in sehr begrenztem Maße aufgenommen. Auch die Akzeptanz von Kolbenhirse scheint eher von der Tagesform der Vögel abzuhängen, manchmal nehmen sie sie sofort, dann bleibt sie wieder tagelang unberührt. **Rote Kolbenhirse** wird gegenüber der gelben eindeutig bevorzugt, halbreife, grüne Kolbenhirse dagegen fast immer sehr schnell und sehr gut aufgenommen.

Hinweis Ein Züchter sollte die für sich als erfolgreich empfundenen Ernährungsmethoden möglichst nicht ändern, ohne damit den Anspruch auf ein Patentrezept zu verbinden. Bei anderen Haltungsbedingungen oder sonstigen Veränderungen im Umfeld könnten diese Ernährungsmethoden unter Umständen nicht mehr so gut oder überhaupt nicht funktionieren.

Fortpflanzung

Blauflügel-Sperlingspapageien sollten zur Zucht nur paarweise untergebracht werden, dabei ist es von untergeordneter Bedeutung ob die Zucht in einer Voliere oder einer entsprechend dimensionierten Zuchtbox stattfinden soll. Als **Nistgelegenheit** wird ein Wellensittichkasten im **Querformat** bevorzugt angenommen, wenn der Kasten im Inneren eine **Unterteilung** hat. Die im Nistkasten eingebrachte Einstreu wird nach unseren Erfahrungen nicht, wie bei einigen anderen Arten, so konsequent ausgeräumt.

Balz und Kopulation finden weitestgehend unbeobachtet statt. Wir konnten aber schon feststellen, dass manche Männchen dabei nicht gerade sanft mit ihren Weibchen umgehen, einige hoch stehende oder fehlende Federn im Kopf- und Nackenbereich belegen dies. Ein **Normalgelege** umfasst fünf bis sechs Eier, Gelege mit drei oder sieben Eiern gibt es aber auch. Die Eimaße liegen im Durchschnitt bei 19,1 × 15,4 mm.

Brut und Aufzucht

Gebrütet wird meistens ab dem zweiten Ei. Die **Brutdauer** beträgt rund 21 Tage, die **Nestlingszeit** etwa 35 Tage. Die **Beringung** der Jungvögel mit 4,0 mm Ringen erfolgt zwischen dem achten und dem zehnten Lebenstag. Die Zucht bei dieser Art gelingt leider nicht so regelmäßig wie bei anderen Arten, häufig werden auch bei größeren Gelegen, nur zwei oder drei Jungvögel aufgezogen. Es gestaltet sich derzeit bereits etwas schwieriger, blutsfremde Nachzuchten zu erwerben.

Mutationen

Bereits im Jahre 1996 konnten wir bei einem Brasilienaufenthalt in einer privaten Zuchtanlage Lutino-Blauflügel-Sperlingspapageien sehen. Es handelte sich bei diesen Vögeln um Naturentnahmen, die mit wildfarbigen Vögeln verpaart worden waren. Zwischenzeitlich wurde auch eine blaue Mutationsform in Menschenobhut bekannt und beschrieben. Weitere Einzelheiten dazu Seite 146.

Augenring-Sperlingspapagei
Forpus conspicillatus

Engl.: Spectacled Parrotlet
Franz.: Toui á lunettes
Span.: Cotorrita de Anteojos

Synonym: Brillenpapagei
Erstbeschreibung: *Psittacus conspicillatus,* Lafresnaye, 1848, Honda, oberes Magdalena Valley, Kolumbien. Neben der nominativen Form *Forpus c. conspicillatus* gibt es zwei Unterarten.

Beschreibung: Die schlanke, zierliche tropfenförmige Gestalt weist eine Gesamtlänge von 125 mm auf. Die Haltung ist aufrecht, circa 60 Grad bei gerader Rückenlinie. Kleiner, runder Kopf, der Schnabel ist etwas vorstehend. Flügel eng am Körper anliegend, ohne zu kreuzen, die Flügelspitzen sind etwa 10 mm kürzer als die Schwanzspitze. Gewicht 24 bis 28 Gramm.
Adultes Männchen: Gesicht intensiv dunkelgrün, der namensgebende Augenring ist intensiv dunkelblau von der Schnabelwurzel aus hinter dem Auge spitz auslaufend. Nacken, Rücken und Flügeldecken sind dunkelgrün mit leicht grauem Überhauch. Flügelbug, Bürzel und Handdecken sind kobaltblau. Brust und Bauch sind hellgrün mit graublauem Überhauch. Der Steiß ist grün mit gelblichem Überhauch. Die oberen Handschwingen sind an den Außenfahnen dunkelgrün und an den Innenfahnen blau mit weißlichen Säumen. Die oberen Armschwingen sind sowohl an den Außenfahnen als auch an den Innenfahnen blau. Untere Flügeldeckfedern sind kobaltblau, untere Handschwingen und untere Armschwingen anthrazit. Das Oberschwanzgefieder ist dunkelgrün mit hellen, feinen, gelblichen Säumen, das Unterschwanzgefieder ist hellgrün mit graublauem Überhauch. Augenfarbe braun mit schwarzer Pupille, Nasenhaut, Ständer und Füße fleischfarben, die Hornteile sind hell hornfarbig.
Adultes Weibchen: Von gleicher Gestalt wie das Männchen, jedoch mit etwas kleinerem Kopf. Das Gesicht ist hellgrün, der Augenring intensiv smaragdgrün. Nacken, Rücken und Flügeldecken sind dunkelgrün. Der

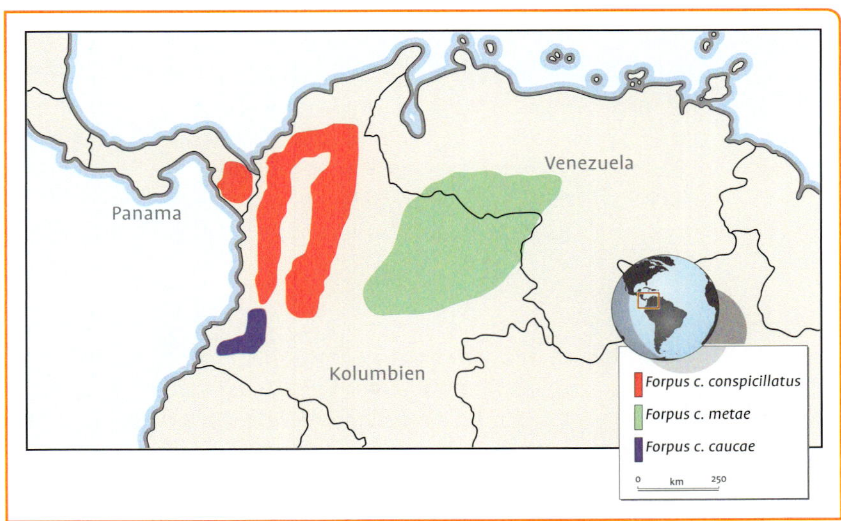

Verbreitungsgebiete der Augenring-Sperlingspapageien.

Augenring-Sperlingspapagei, Männchen. Das intensive Kobaltblau des Bürzelgefieders ist beeindruckend.

Bauch ist hellgrün mit leicht graublauem Überhauch. Ober- und Unterschwanzgefieder wie beim Männchen, der Steiß ist gelblich durchsetzt. Der Bürzel ist kräftig grün, ohne jede blaue Feder. Die Handschwingen sind grün.
Juvenile Vögel: Nach Verlassen des Nestes gleichen die Jungen im Wesentlichen dem Weibchen, Männchen zeigen aber meistens bereits in Ansätzen Blauanteile im Gefieder. Allerdings können einige juvenile Männchen auch bis in den dritten Lebensmonat kein Blau zeigen. Dann kann man aber anhand der Unterflügelzeichnung feststellen um welches Geschlecht es sich handelt, da die juvenilen Männchen hier bereits blaue Federn zeigen. Der Augenring weist eine unterschiedliche Intensität aus und der Schnabel hat einen unterschiedlich stark ausgeprägten, rosafarbenen Überhauch.
Verbreitung: *Forpus c. conspicillatus* in Ost-Panama und in Nord- und Zentral-Kolumbien im oberen Rio-Sinu-Tal und im unteren Cauca-Tal bis zu den Westhängen der Perija-Berge.

Anmerkung Auch bei den Augenring-Sperlingspapageien lässt sich wieder festhalten, dass eine Unterscheidung der Weibchen nur sehr schwierig vorzunehmen ist, besonders wenn entsprechendes Vergleichsmaterial fehlt. Es muss davon ausgegangen werden, dass es hier bereits zu Vermischungen der Unterarten in Menschenobhut gekommen ist.

Status In seinem Verbreitungsgebiet ist er häufig, aber gelegentlich nur lokal anzutreffen, in Panama relativ selten zu finden.

a) Meta-Augenring-Sperlingspapagei *(Forpus c. metae)*

Erstbeschreibung: *Forpus c. metae*, Borrero & Camacho, 1961.

Adulte Männchen: Gefieder insgesamt etwas blasser, Stirn, Wangen, Brust und Bauch mehr gelblich. Der blaue Augenring reduziert sich bei dieser Unterart auf eine schmale Linie über und hinter dem Auge oder ist nur punktuell vorhanden. Die Unterflügeldecken sind etwas heller.
Adulte Weibchen: Wie die Nominatform, aber insgesamt mehr gelblich grün in den Gefiederteilen. Unterschanzdecken gelbgrün.
Juvenile Vögel: Wie bei der Nominatform. Juvenile Männchen haben nur ein kleines, blaues Abzeichen über dem Auge.
Verbreitung: *Forpus c. metae* in Zentral-Kolumbien ostwärts entlang dem Rio Meta bis nach West-Venezuela.

b) Cauca-Augenring-Sperlingspapagei *(Forpus c. caucae)*

Erstbeschreibung: *Forpus c. caucae*, Chapmann, 1915.

Adulte Männchen: Deutlich blasser als die Nominatform, Stirn, Wangen, Brust und Bauch mehr gelblich, der blaue Augenring reduziert sich auch bei dieser Unterart auf eine schmale Linie über und hinter dem Auge, die hinter den Ohrdecken ausläuft. Blauer Unterrücken, deutlich heller, Unterflügeldecken blau statt violettblau.
Adulte Weibchen: Wie die Nominatform, insgesamt deutlich mehr gelblich grün in den Gefiederteilen, Unterschwanzdecken gelbgrün.
Juvenile Vögel: Wie bei *Forpus c. metae,* detailliertere Angaben liegen nicht vor.
Verbreitung: *Forpus c. caucae* ist westlich der Anden bei Cauca und Narino zu finden, das mittlere und obere Cauca-Tal in Südwest-Kolumbien zählt ebenso zum Verbreitungsgebiet.

Bei dieser Unterart scheint es außerdem eine geographische Variabilität in den Zeichnungsmerkmalen zu geben. Je weiter nach Süden die Unterart *Forpus c. caucae* in ihrem Verbreitungsgebiet vorkommt, desto blasser soll sie werden. Es wurde daraufhin sogar die Abtrennung einer weiteren Unterart diskutiert.

Augenring-Sperlingspapagei, Männchen.

Augenring-Sperlingspapageien in ihrem Lebensraum
Offene Wälder, Dornbuschsavannen und andere offene Landschaftsformen mit Busch- und Baumbestand sowie Sekundärvegetation bilden den Lebensraum der Augenring-Sperlingspapageien. Sie besiedeln dabei die trockenen bis halbtrockenen tropischen und subtropischen Zonen bis in einer Höhe von 1600 m über NN. Sichtmeldungen aus der Umgebung von Bogota (Olivares) bedeuten, dass diese Art auch bis in einer Höhe von 2600 m vorkommt.

Die Vögel sind in kleinen Schwärmen von bis zu zehn Vögeln außerhalb der Brutzeit anzutreffen. Örtlich zeigen sie saisonale Wanderungen zu den Nahrungsplätzen.

Augenring-Sperlingspapageien sind unruhig, bleiben nicht lange an einer Stelle und haben eine größere Fluchtdistanz als andere *Forpus*-Arten. Der Flug ist schnell und wellenförmig, die Kontaktrufe häufig zu hören.

Ernährungsweise

Augenring-Sperlingspapageien halten sich bevorzugt in Büschen und niedrigen Bäumen auf. Zur Nahrungsaufnahme kommen sie aber auch auf den Boden um Grassamen zu fressen. Neben halbreifen und reifen Grassamen werden Beeren, Früchte, Knospen und Blüten und Kaktusfrüchte aufgenommen.

Fortpflanzung

Der Brutbeginn fällt im Freiland in die Monate Januar bis Mai. Als Nistplätze nehmen die Vögel natürliche Höhlen in Bäumen, Ästen, Kakteen, Zaunpfählen und andere Schlupflöcher an. Bedingt durch die Art des Nistplatzes sind die Nester dann in nicht allzu großer Höhe zu finden. Die Männchen halten sich während der Brutzeit häufig in unmittelbarer Nähe des Nestes auf.

Augenring-Sperlingspapageien in menschlicher Obhut

Bereits seit 1880 wird der Augenring-Sperlingspapagei in Europa gehalten. Die Erstzucht gelang 1931 bei Mrs. Hood in Kalifornien, danach folgten einzelne Zuchterfolge in mehreren Ländern. Erst nach 1965 war die Art dann häufiger auf dem Vogelmarkt vertreten. Größere Zuchterfolge stellten sich danach ein, so bei W. Langberg in Dänemark, der 30 Jungvögel zwischen 1965 und 1970 nachgezüchtet hat. Die Erstzucht in Deutschland gelang erst im Jahre 1974 bei Derschang, wo aus einem 5er-Gelege drei Jungvögel schlüpften und aufgezogen wurden. Heute zählt der Augenring-Sperlingspapagei zu den am meisten etablierten Arten und wird neben dem Blaugenick-Sperlingspapagei am häufigsten gehalten und gezüchtet.

Haltung

Wie bei anderen Sperlingspapageien ist eine Voliere von 2 m Länge und etwa 80 bis 100 cm Breite ideal. Die Höhe kann den räumlichen Gegebenheiten angepasst werden, sollte aber einen Meter nicht unterschreiten. Temperaturen unter 10 °C sind nicht angebracht, sodass die Unterbringung in einer reinen Außenvoliere nur im Sommer in Frage kommt.

Hinweis Viele Sperlingspapageienzüchtern berichten immer wieder, dass die Zucht von Sperlingspapageien in einem gemeinsamen Zuchtraum mit *Agapornis*-Arten, und hier speziell den *Agapornis roseicollis*, nicht besonders gut funktioniere. Die Sperlingspapageien fühlten sich von den Agaporniden offensichtlich gestört. Diese Erfahrung können wir nur bestätigen. Unsere Augenring-Sperlingspapageien hatten mindestens zwei Fehlversuche pro Paar, in denen es zwar zur Eiablage kam, die Gelege aber nicht oder nur teilweise befruchtet waren, die Jungen nicht geschlüpft sind oder unmittelbar nach dem Schlupf verlassen wurden. Erst nach einer längeren Gewöhnungsphase und einer Reduzierung der Agaporniden im Zuchtraum stellten sich die Erfolge ein. Die gemeinsame Unterbringung mit *Agapornis taranta* und/oder *Agapornis lilianae* dagegen bereitete keine Probleme.

Ernährung

Bei uns haben sich die Augenring-Sperlingspapageien als ausgesprochen **gute Futterverwerter** erwiesen. Neben einer prozentual deutlich höheren Menge an aufgenommenen Saatenmischungen als vergleichsweise bei den

Links: Junge Augenring-Sperlingspapageien im Nest. Ähnlich wie die Nestlinge der Agaporniden bilden sie oft die typische, wärmegünstige Pyramidenform, die auch Kontakt bietet.

Rechts: Ein weiteres Entwicklungsstadium bei einem jungen Augenring-Sperlingspapagei.

Blauflügel-Sperlingspapageien, werden die angebotenen Futtermischungen mit einer großen Gelassenheit und ohne Hektik aufgenommen. Unmittelbar nach Einbringen der Futtergefäße untersuchen die Vögel das Angebot und beginnen mit der Futteraufnahme. Dabei lassen sie sich von weiteren Hantierungen in nächster Umgebung in keiner Weise beeindrucken. Sie zerkleinern die Spelzen derart, dass nur noch staubfeines Material übrig bleibt. Diese intensive **Beschäftigung** mit dem Futter und der dafür nötige Zeitaufwand ist für uns immer noch ein sehr gewichtiges Argument für eine Fütterung ohne Pellets.

Bevorzugt wird, besonders auch während der Jungenaufzucht, eine Waldvogelfuttermischung ohne Rübsen, daneben bildet eine Saatenmischung mit einem geringen Kardianteil aber ohne Sonnenblumenkerne die **Grundversorgung. Ergänzungsfuttermittel** (siehe Seite 19) werden zumindest untersucht, die Akzeptanz ist jedoch sehr unterschiedlich. In den meisten Fällen lässt sich die Aufnahme steigern, wenn sie mit dem Grundfutter oder dem Gemüseanteil vermischt werden. Die unterschiedlichen **Gemüse- und Obstsorten** werden **fein gerieben** oder sehr klein geschnitten bevorzugt. Größere Stücke finden bei unseren Vögeln in der Regel kaum Beachtung. Absoluter Favorit unter allen zusätzlich angebotenen Futtermitteln sind **Hagebuttenkerne**.

Fortpflanzung

Die Zucht gilt im Allgemeinen als nicht schwierig und gelingt häufig. In dieser Hinsicht ist der Augenring-Sperlingspapagei sicherlich den Anfängern neben dem Blaugenick-Sperlingspapagei am ehesten zu empfehlen. Wie bei fast allen Arten, die häufig nachgezogen und auf einen Standard hin selektiert werden, nimmt die **leichte Züchtbarkeit** dann eher ab, und die gewünschte Qualität zu züchten, wird schon wieder schwieriger.

Zur Zucht ist eine **paarweise Unterbringung** in Innenvolieren oder Zuchtboxen zu empfehlen, die Größen entsprechend der Mindestanforderungen. Wir setzen bei unseren Augenring-Sperlingspapageien nur noch **Kunststoff-Zuchtboxen** mit Edelstahlgitter ein, hinsichtlich der **Reinigung** und **Desinfektion** optimal, und das Zerstören und Benagen von Rahmenhölzern ist vorbei. Vorteilhaft empfinden wir auch den möglichen Einsatz von sogenannten **Fütterbrücken** in diesen Boxen, die den Jungvögeln nach dem Verlassen des Nistkastens oft noch einen „Unterschlupf" im wahrsten Sinne des Wortes bieten. Diese Futterbrücke kann problemlos von außen bedient werden, ohne ständig innerhalb der Box hantieren zu müssen.

Bewährt haben sich bei uns zwei Nistkastentypen, die bisher von allen Paaren bevorzugt angenommen wurden: den klassischen **Nistkasten** im **Querformat**, der möglichst eine Unterteilung in **zwei Kammern** im Innenraum haben sollte, oder der speziell für Sperlingspapageien entwickelten Kunststoffnistkasten, der über zwei Ebenen verfügt. Der Nistkasten im Querformat findet meistens Anwendung, wenn die Nistgelegenheit in der Zuchtbox integriert ist, der **Kunststoffnistkasten** wird bei einer Anbringung **außerhalb** der Zuchtbox verwendet. Kleine Naturstämme wurden nicht angenommen, Standardnistkästen im Hochformat sind wenig empfehlenswert, da hierbei die Gefahr einer Beschädigung des Geleges zu groß ist.

Als **Einstreu** verwenden wir entweder die klassischen Hobelspäne oder eine Mischung aus Pressspänen und Buchenholzgranulat in feiner Körnung. Fast alle Paare räumen die eingebrachte Einstreu komplett aus, nur selten bleiben einige Reste in der Nistmulde. Trotzdem bringen wir bei jeder neuer Brut wieder etwas Einstreu ein, denn wir sind der Ansicht, dass auch das Ausräumen brutstimulierend wirkt. Das **Gelege** besteht im Normalfall aus vier bis fünf Eiern, die Brutdauer liegt bei 21 bis 22 Tagen.

Brut und Aufzucht

Während der Brut hält das Männchen sich fast immer in unmittelbarer Nähe des Nistkastens auf oder sitzt sogar auf der Anflugstange. Einige Männchen verbringen dann auch sehr viel Zeit bei den brütenden Weibchen im Nest. Gerade geschlüpfte Küken lassen schon deutlich vernehmbare Laute aus dem Nistkasten dringen. Die **Beringung** erfolgt mit 4,0 mm Ringen nach acht bis zehn Tagen.

Im Alter von 30 bis 35 Tagen verlassen die Jungvögel den Nistkasten, der in den nächsten Tagen noch regelmäßig aufgesucht wird. Bei einigen Jungvögeln konnten wir bereits zwei Tage nach dem Ausfliegen die ersten Versuche beobachten, eigenständig Nahrung aufzunehmen. War dies zunächst mehr spielerisch und mit wenig Erfolg verbunden, beobachteten wir bereits am fünften Tag das vollständige Entspelzen einzelner Sämereien und die **erste Nahrungsaufnahme**. Die dabei aufgenommene Menge würde zum Überleben der Jungvögel natürlich noch nicht ausreichen, die Altvögel füttern im normalen Rhythmus weiter.

Oft wird unmittelbar nach dem Ausfliegen mit einer weiteren Brut begonnen. Spätestens dann gilt es die Vögel genau zu beobachten, da das Verhalten der Altvögel gegenüber den Jungen nicht vorhersehbar ist. Gerade bei den Augenring-Sperlingspapageien gibt es verschiedene Erfahrungen. Spitzer berichtet davon, dass er die Jungen oft noch längere Zeit oder sogar bei der nächsten Brut bei den Altvögeln belassen hat. In einem Fall wurde dabei das Folgegelege zerstört, weil die Jungen mit in den Nistkasten gegangen waren, aber Aggressionen gegen die Jungvögel stellte er dabei nicht fest.

Wir konnten unterschiedliche Verhaltensweisen beobachten. Bei einem Paar, das in dieser Brut nur ein Junges aufgezogen hatten, wurde dieser ab dem Zeitpunkt, von dem das Weibchen wieder für längere Zeit im Nest war, vom Zuchtmännchen attackiert. War das Weibchen ebenfalls außerhalb des Nestes, gab es keine Probleme. Nur wenn das Jungtier zwischen dem Männchen und Weibchen saß, duldete das Männchen es nicht. Bei anderen Paaren mussten die Jungen sofort nach dem Erreichen der Selbstständigkeit entfernt werden. Einige Alttiere duldeten die Jungvögel ohne

Probleme noch Wochen nach dem Ausfliegen, sie begannen aber meistens auch erst zeitversetzt mit einer weiteren Brut.

Mutationen
Im Laufe der Jahre entstanden auch bei dieser Art einige Mutationen. Welche, wo sie zuerst beschrieben oder gezüchtet wurden und wie die Bezeichnungen heute laute, ab Seite 147.

Schwarzschnabel-Sperlingspapagei
Forpus sclateri

Engl.: Dusky-billed Parrot
Franz.: Toui de Sclater
Span.: Cotorrita de Sclater

Synonym: Sclater's Sperlingspapagei

a) Schwarzschnabel-Sperlingspapagei *(Forpus sclateri)*

Erstbeschreibung: Als *Psittacus sclateri* durch G.R. Gray, 1859, Rio Javari, Peru. Wird heute als Nominatform *Forpus s. sclateri* geführt. Eine Unterart.

Beschreibung: Größe 125–130 mm.
Adultes Männchen: Die Grundfarbe des Gefieders ist tief dunkelgrün, Stirn und Wangen sind matt smaragdgrün und bilden dabei eine mehr oder weniger scharf abgegrenzte Gesichtsmaske. Brust und Bauch sind bläulich grün mit olivefarbenem Anflug, Unterrücken, Unterflügeldecken und Achselfedern sehr dunkel violettblau von einer Intensität wie sonst bei keiner anderen Art, Handschwingen schwarz mit dunkelgrünen Außenfahnen, Handschwingen violettblau mit grünen Spitzen, Hand- und Armdecken etwas heller violettblau, die Unterseite der Schwingen ist blaugrau. Oberschnabel grauschwarz mit schwärzlicher Basis, Unterschnabel hornfarben; bei einigen Vögeln ist nahezu der ganze Schnabel schwarz. Der schmale, nackte Augenring ist dunkelgrau, die Iris dunkelbraun; Füße graubraun.

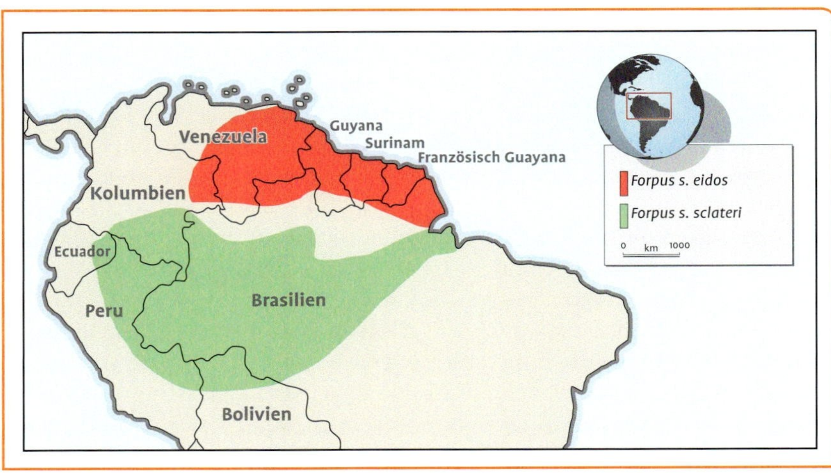

Die Verbreitungsgebiete der Schwarzschnabel-Sperlingspapageien.

Ein Paar Schwarzschnabel-Sperlingpapageien auf Nahrungssuche in einem Baum, aufgenommen im Manù-Nationalpark in Peru (Foto Karl-Heinz Lambert).

Adultes Weibchen: Weibchen sind ähnlich wie die Männchen gefärbt, aber deutlich heller, alle blauen Flügelpartien grün, Brust und Bauch mit schwach gelblichem Anflug, die Gesichtsmaske ist gelbgrün, bei einigen Weibchen hell grüngelb.
Juvenile Vögel: Die Jungvögel sind wie Alttiere gefärbt, aber insgesamt matter, die Gesichtsmasken erscheinen nicht so deutlich abgegrenzt.
Verbreitung: *Forpus s. sclateri* kommt von Nord-Bolivien, Ost-Peru, Nordost-Ecuador und Südost-Kolumbien ostwärts durch das Amazonas-Becken bis nach Nord-Brasilien vor.

b) Blasser Schwarzschnabel-Sperlingspapagei *(Forpus s. eidos)*

Erstbeschreibung: *Forpus s. eidos,* J. L. Peters, 1937.

Beschreibung: Bei der Unterart *Forpus s. eidos* sind die Männchen insgesamt etwas heller in der Grundfärbung als die Nominatform, ebenso sind alle blauen Abzeichen nicht so leuchtend. Bei den Weibchen ist außer der geringeren Größe kein deutlicher Unterschied zur Nominatform zu erkennen. Mit einer Größe von 120 mm etwas kleiner als die nominative Form, handelt es sich bei dieser Unterart des Schwarzschnabel-Sperlingspapageien nicht nur um die kleinste Art innerhalb der Gattung *Forpus,* sondern die Vögel zählen damit neben den Spechtpapageien zu den echten Vogelzwergen innerhalb der Psittaciden.
Verbreitung: *Forpus s. eidos* lebt in Guayana, Französisch-Guayana, Ost-Kolumbien, dem süd- und südöstlichen Venezuela und Nord-Brasilien in der oberen Rio-Negro-Region.

Schwarzschnabel-Sperlingspapageien in ihrem Lebensraum

Es ist sehr wenig über das Freileben dieser Art bekannt, denn im Verbreitungsgebiet ist eine Beobachtung nicht gerade einfach. Bevorzugt werden von den Vögeln offene Regenwälder, hohe Sekundärvegetationen und offenes Gebiet mit viel Baumbestand bis in einer Höhe von etwa 500 m über

Sehr seltene Freilandaufnahme eines Schwarzschnabel-Sperlingspapageis (Foto Karl-Heinz Lambert).

NN. Dabei halten sich die Schwarzschnabel-Sperlingspapageien bevorzugt entlang von Flussläufen auf. Lokal wurden einige Vorkommen bis in Höhenlagen von 1000 m über NN festgestellt.

Durch ihr Gefieder sind die Vögel in diesen Vegetationsformen bestens getarnt, zudem stetig in Bewegung und ein wenig rastlos. So sind Freilandaufnahmen und -beobachtungen dieser Art absolut selten.

Ernährungsweise

Schwarzschnabel-Sperlingspapageien ernähren sich von Samen sowie Beeren und Früchten, die sie in den Bäumen finden. Zur Aufnahme von mineralhaltiger Erde kommen sie in regelmäßigen Abständen zu den Barreiros und Uferbänken. Außerhalb der Brutzeit finden sich kleine Gruppen zusammen, die Ansammlungen auf Nahrungsbäumen kann eine größere Individuenzahl umfassen. Lambert (pers. Mitteilung) konnte bei seiner letzten Beobachtungsreise immer nur sehr kleine Gruppen beobachten.

Fortpflanzung

Die Brutzeit fällt vermutlich in den Juli, die Nistplätze befinden sich in abgestorbenen Bäumen. In einem Fall konnte ein Nest in etwa drei Metern Höhe festgestellt werden.

Schwarzschnabel-Sperlingspapageien in menschlicher Obhut

Im Jahre 1881 sollen Schwarzschnabel-Sperlingspapageien nach London gelangt sein, ohne dass über die Haltung oder eine Zucht etwas berichtet wurde. Auch in anderen europäischen Ländern erfolgte offenbar keine weitere Einfuhr. Verlässliche Meldungen über eine Haltung oder Zucht in

Status Verlässliche Daten zum Status dieser Art gibt es sehr wenige. Dieser Sperlingspapagei scheint in seinem Verbreitungsgebiet nur lokal häufiger anzutreffen zu sein und in einigen Gegenden vollständig zu fehlen. So berichtet Forshaw 1973, dass der Schwarzschnabel-Sperlingspapagei in der Gegend von Belèm häufiger zu finden sei, während Ridgeley ihn dort während zweier längerer Aufenthalte 1980 nur wenige Male beobachten konnte. Robiller (1990) gibt an, dass in Kolumbien die Bestände seit Anfang der 1970er Jahre langsam anstiegen, und zwar in einem Gebiet, wo die Art bisher als selten galt.

menschlicher Obhut sind nicht zu finden. Im Jahre 1979 berichtete Westen über eine Haltung und Zucht in ihren Wohnräumen, konnte aber die Art nicht genau bestimmen, da es zu der Zeit in der verfügbaren Literatur keine Beschreibung gab, die eine Übereinstimmung mit den von ihr gehaltenen Vögeln ergab. In dem Bericht wird wiederholt die deutliche graue Färbung des Schnabels zitiert, aber genauso die Möglichkeit in den Raum gestellt, es könne sich um Mexikanische (Blaubürzel-)Sperlingspapageien handeln.

Da keine Erfahrungen mit Schwarzschnabel-Sperlingspapageien in Menschenobhut vorliegen, ist alles was zum Thema Ernährung für diese Art gesagt werden könnte, rein spekulativ. In Zeiten des Exportverbotes der Heimatländer und des Importverbotes für Deutschland ist mit einer Einfuhr auf unbestimmte Zeit auch nicht zu rechnen. Auch über eine erfolgreiche Nachzucht dieser Art liegen keine Angaben vor.

Mutationen

Da es sich hier um eine nicht haltungsrelevante Art handelt, sind auch keine Mutationsformen in Menschenobhut zu finden. Von farbveränderten Vögeln in ihrem natürlichen Lebensraum ist ebenfalls nichts bekannt.

Blaugenick-Sperlingspapagei

Forpus coelestis

Engl.: Pacific Parrotlet
Franz.: Toui céleste
Span.: Cotorrita de Piura

Synonym: Blaunacken-Sperlingspapagei, Graurücken-Sperlingspapagei, Himmelspapagei.
Erstbeschreibung: Als *Agapornis coelestis* 1847 (Peru) durch Lesson. Bei Ruß (1889) wird er noch als Zwergpapagei mit blauem Schläfenstrich (*Psittacus coelestis*) erwähnt, während Reichenow den Namen Graurückiger Sperlingspapagei (*Forpus coelestis codetis*) wählt und den Gelbmasken-Sperlingspapagei (*Forpus coelestis xanthops*) als Unterart aufführt. Zwischenzeitlich wird der Gelbmasken-Sperlingspapagei als eigene Art geführt. Der Blaugenick-Sperlingspapagei ist monotypisch und bildet somit keine Unterarten.

Kaktusfrüchte zählen im Freiland zur bevorzugten Nahrung von Blaugenick-Sperlingspapageien (Foto Karl-Heinz Lambert).

Beschreibung: Kräftiger und kompakter Vogel von tropfenförmiger Gestalt mit gerader Rückenlinie; Haltung aufrecht im Winkel von 55 bis 60 Grad; Kopf gleichmäßig gewölbt mit breiter Stirn, Schnabel leicht vorstehend und dabei nicht zu schmal. Brust breit und leicht gewölbt; Flügel eng anliegend, ohne zu kreuzen reichen sie bis zum unteren Drittel des Schwanzes. Der Schwanz ist kurz und läuft keilförmig spitz aus. Größe 135 mm, Gewicht 32 bis 34 Gramm, Jungvögel bei Verlassen des Nestes 28 bis 30 Gramm.
Adultes Männchen: Stirn, Wangen und Scheitel sind leuchtend grün, zum Hals klar abgegrenzt, der Hinteraugenstreif fahlblau zum Nacken hin breiter auslaufend. Oberrücken und kleine Flügeldecken sind dunkel graugrün; Brust und Bauch graugrün mit blaugrauem Überhauch. Die großen Flügeldecken sind dunkelblau, nach innen heller werdend, Unterflügeldecken, Flügelbug, Bürzel und Unterrücken tief kobaltblau. Handschwingen Oberseite Außenfahnen dunkelgrün, Innenfahnen dunkelgrün mit blauem Anflug, Armschwingen Oberseite Außenfahnen blau, Innenfahnen graublau; Unterseite Hand-

Status In großen Teilen seines Verbreitungsgebietes häufig vorkommend, können Blaugenick-Sperlingspapageien saisonal bedingt an manchen Stellen sogar ausgesprochen zahlreich anzutreffen sein. In trockenen Gebieten ist die Bestandsdichte größer als in feuchten Landstrichen. Ridgeley (1980) geht davon aus, dass die teilweise Umgestaltung des Lebensraumes in landwirtschaftliche Nutzfläche offenbar keine negativen Auswirkungen auf die Population hat.

und Armschwingen hellgrau mit grünem Überhauch; Oberschwanzdecken dunkelgrün; Unterschwanzdecken hellgrün. Die Augen sind braun mit schwarzer Pupille, der Schnabel hell hornfarben, die Schnabelhaut fleischfarben. Füße und Ständer sind fleischfarben, die Krallen hellbraun.
Adultes Weibchen: Gesicht, Brust und Bauch hellgrün; Hinterkopf, Rücken und Flügeldecken grün. Ein leichter Hinteraugenstreif sollte zu sehen sein. Die blauen Gefiederteile des Männchens sind bei den Weibchen smaragdgrün, ansonsten treffen alle Positionen auch auf das Weibchen zu.
Juvenile Vögel: Wie die Alttiere gefärbt, aber insgesamt noch matter in den Farben, besonders die Blauanteile und die Schnabelfarbe. Die Geschlechter sind bereits zu erkennen.
Verbreitung: Nordwest-Peru, nordwärts entlang der Küste bis Rio Chone, West-Ecuador.

Blaugenick-Sperlingspapageien in ihrem Lebensraum
Dornbuschsavannen, offene Landschaftstypen, Sekundärvegetation und lichte Laubwälder in den Tieflandebenen der trockenen, tropischen Zone bilden den Lebensraum dieser Sperlingspapageien. Außerhalb der Zuchtzeit können sich größere Familienverbände oder Schwärme bilden, die speziell an den Nahrungsplätzen aus hundert und mehr Individuen bestehen können. Während der Brutzeit findet man nur kleine Trupps von vier bis zehn Vögeln oder separierte Paare.

Die Fluchtdistanz ist meistens nicht sehr groß, wenn sie aufgescheucht werden, lassen sie sich oft schon 30 bis 40 Meter weiter im Buschwerk oder auf Bäumen wieder nieder. In der heißen Mittagszeit werden die Aktivitäten weitestgehend eingestellt, die Blaugenick-Sperlingspapageien verbringen diese Zeit träge dösend in schützendem Blattwerk.

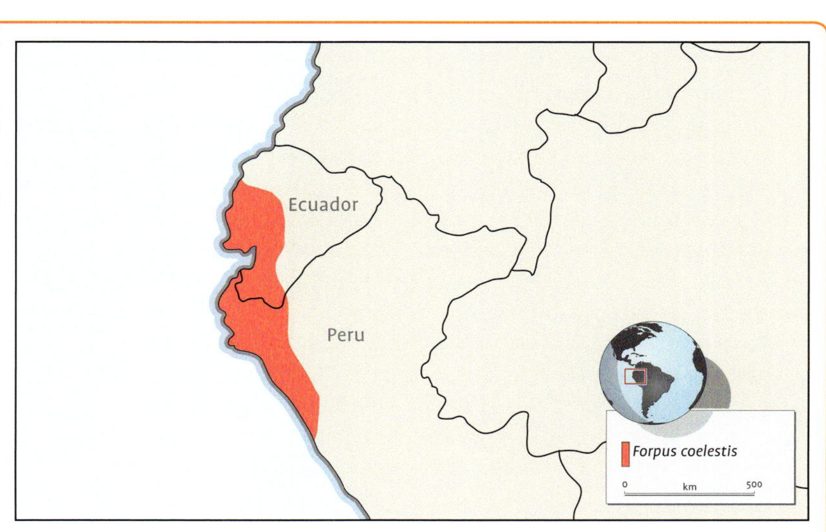

Verbreitungsgebiet des Blaugenick-Sperlingspapageis.

Links: Bei den Nachzuchten lassen sich mittlerweile sehr große Unterschiede in Zeichnung, Typ und Größe feststellen wie diese beiden Männchen im Vergleich zum Vogel auf der rechten Abbildung deutlich belegen.

Rechts: Dieses Männchen zeigt sehr schön den namensgebenden blauen Nacken und Hinteraugenstreif sowie seine kobaltblauen Unterflügeldecken.

Ernährungsweise

Blaugenick-Sperlingspapageien kommen zur Nahrungsaufnahme auch auf den Boden, nehmen aber ihre Nahrung auch direkt in Bäumen und Sträuchern auf. Durch ihre Gefiederfärbung sind sie dabei gut getarnt. Halbreife und trockene Grassamen, Beeren und Früchte, hier besonders die Kaktusfrüchte, bilden die Ernährungsgrundlagen dieser Art.

Fortpflanzung

Der Brutbeginn oder die Brutzeit fallen in die Monate Januar bis Mai, nach der Regenzeit. Bei der Wahl des Nistplatzes erweisen sich Blaugenick-Sperlingspapageien als nicht besonders wählerisch, angenommen wird alles was wie eine Höhle aussieht. Nester wurden in Höhlen von Bäumen, Kakteen, Telefonmasten, Zaunpfählen und in Röhren gefunden. Auch die Schlammnester von Töpfervögeln (*Furnarius*) und alte Spechthöhlen wurden belegt. Die Gelegegröße im Freiland liegt bei vier bis sechs Eiern, die Brutdauer wird bei einigen Quellen mit 17 Tagen angegeben und liegt da-

Hinweis Durch die große Zahl an Mutationen und Kombinationen gibt es eine Vielzahl spalterbiger Blaugenick-Sperlingspapageien. Diese Vögel werden häufig heller in den Grundfarben und anderen Zeichnungsmerkmalen wie den blauen Gefiederanteilen. Andererseits gibt es Züchter, die bestimmte Merkmale selektieren und versuchen, farbintensivere Vögel zu züchten. Hier kommt es dann zu sogenannten Fehlzeichnungen wie blaue Schenkelfedern, blaue Federn im Brust- und Bauchbereich oder blaue Bürzel bei den Weibchen. Wer Ausstellungen besuchen möchte, erhält dort für solche, von den Standardbeschreibungen abweichenden Zeichnungsmerkmale bei seinen Vögeln entsprechende Abzüge. Aber auch jeder andere Züchter und Halter dieser Art sollte bei Erwerb verstärkt auf sauber gezeichnete Vögel achten.

mit deutlich unter der Brutdauer in menschlicher Obhut, was nicht logisch erscheint. Weitere Daten zur Brutbiologie aus dem Freileben dieser Art geben an, dass innerhalb von 21 Tagen alle Jungvögel eines Geleges geschlüpft sind, die Nestlingszeit etwa 40 Tage beträgt und die zweite Brut bereits wenige Tage nach der ersten Brut beginnen kann. Die Eimaße liegen durchschnittlich bei 19,4 × 16,0 mm.

Blaugenick-Sperlingspapageien in menschlicher Obhut

Von allen Sperlingspapageienarten ist diese Art in menschlicher Obhut am zahlreichsten vertreten und wird am häufigsten nachgezüchtet. Das Datum der Ersteinfuhr ist nicht genau zu bestimmen, in den 1950er Jahren wird von einigen, wenigen Exemplaren in Europa berichtet, ab 1962 kamen nachweislich größere Stückzahlen nach Europa. Die Erstzuchten gelangen 1938 bei R.F. Losky in Peru, 1958 bei dem weithin bekannten J. Delacour in Frankreich und erst im Jahre 1963 bei W. Grote in Deutschland. In Dänemark wurde die Erstzucht bei A. Jensen 1964 dokumentiert.

Haltung

Ideal ist eine Unterbringung in einer **kleinen Voliere** von 2 m Länge und 1 m Breite bei einer den räumlichen Gegebenheiten angepassten Höhe. Die Vögel können in einer kombinierten Innen- und Außenvoliere oder einer reinen Innenvoliere gehalten werden, in einer reinen Außenvoliere allerdings nur im Sommer, da die Temperatur nicht unter 10 °C sinken sollte. Außerhalb der Zucht empfiehlt sich eine **getrennte Unterbringung** von Männchen und Weibchen. So können die Vögel ohne vorprogrammierte Streitigkeiten auch in einer größeren Anzahl in einer Voliere gemeinsam gehalten werden.

Ernährung

Grundlegendes findet sich im entsprechenden Kapitel ab Seite 12. Auch bei den Blaugenick-Sperlingspapageien gilt es, eine **abwechslungsreiche**, ausgewogene Ernährung anzubieten und dabei möglichst viele Futtermittel auszuprobieren. Bewährt hat sich auch bei dieser Art eine **Waldvogelmischung** ohne Rübsen, alternativ eine Mischung aus Wildkrautsämereien.

Fortpflanzung

Die Zucht dieser Art gelingt regelmäßig und ist nicht schwierig. Eine **paarweise Haltung** ist anzuraten, da wie bei allen Sperlingspapageien das Ag-

Blaugenick-Sperlingspapageien, hier ein Männchen, sind die am häufigsten gehaltenen und nachgezüchteten Sperlingspapageien.

gressionspotenzial nicht unerheblich ist. Die Unterbringung während der Zucht erfolgt in den meisten fällen in entsprechenden Zuchtboxen, die eine Mindestgröße von 80 × 40 × 40 cm (L × B × H) haben müssen. Nach oben sind natürlich keine Grenzen gesetzt, der häufig gehörte Satz „Je kleiner desto besser“ im Zusammenhang mit der Unterbringung von Sperlingspapageien in der Zuchtphase zeugt von nichts anderem als Verantwortungslosigkeit des Halters und Züchters gegenüber seinen Pfleglingen.

Blaugenick-Sperlingspapageien bevorzugen Nistkästen im **Querformat**, den meist als Wellensittichkasten bezeichneten Typ akzeptieren fast alle Paare. Die angebotene **Einstreu** im Nistkasten wird häufig komplett entfernt, hat dann aber für die natürliche Brutstimulanz seine Wirkung getan. Einige Weibchen lassen Teile davon in der Nistmulde, gelegentlich wird während der Brutzeit daran genagt und das Streumaterial weiter in seine Bestandteile zerlegt.

Die **Gelegegröße** variiert sehr stark, so dass Gelege zwischen vier und neun Eiern durchaus normal sind. Selbst bei großen Gelegen werden die Jungvögel meist problemlos aufgezogen. So hatten wir schon acht Nestlinge in einer Brut, die alle die Selbstständigkeit erreichten. Die Eimaße betragen im Mittel 16,2 × 19,5 mm.

Brut und Aufzucht

Das Gelege wird ab dem zweiten oder dritten Ei fest bebrütet, bis die Jungvögel nach 21 Tagen Brutzeit schlüpfen. Nach drei Wochen kann man bei den Nestlingen bereits die **Geschlechter** gut erkennen, da die jungen Männchen bereits die ersten blauen Federn zeigen. Die **Beringung** der Jungvögel erfolgt mit 4 mm Ringen nach etwa 8 bis 10 Tagen, je nachdem, wie gut sich die Nestlinge entwickeln, was natürlich auch mit der Anzahl der zu versorgenden Jungen zusammenhängt. Mit fünf Wochen verlassen die Jungvögel dass Nest, nach weiteren zwei bis drei Wochen sind sie komplett futterfest und selbstständig.

Jetzt ist der Zeitpunkt, die Jungvögel zu **separieren**, mindestens aber genauestens zu beobachten um rasch eingreifen zu können, wenn Aggressionen der Altvögel gegenüber dem eigenen Nachwuchs schlagartig einsetzen oder sich stetig steigern. Beim Absetzen der **Nachzuchtvögel** ist es besser, Männchen und Weibchen getrennt in sogenannten **Absetzvolieren** unterzubringen, die nicht unmittelbar nebeneinander liegen. Speziell für die Entwicklung der Jungvögel wirkt sich dies positiv aus.

Uns sind Fälle bekannt, wo das Zuchtmännchen gegenüber seinen männlichen Nachkommen derart aggressiv wurde, dass es die Jungvögel schon im Nistkasten mit dem Aufbrechen der ersten blauen Federn attackiert und sogar getötet hat. Wenn ein solch aggressives Männchen dann aus der Zuchtbox entfernt wird, stehen die Chancen sehr gut, dass die Aufzucht vom Weibchen allein zu Ende gebracht wird.

Blaugenick-Sperlingspapageien sind schon recht **früh fortpflanzungsfähig**. Aber auch bei dieser Art sollten die Vögel nicht unter zwölf Monaten Lebensalter zur Zucht angesetzt werden.

Mutationen

Der Blaugenick-Sperlingspapagei ist die mutationsfreudigste Art innerhalb der *Forpus*-Gattung. Sie hat die bisher die meisten Mutationen und Kombinationen bei den Sperlingspapageien hervorgebracht, siehe ab Seite 148.

Gelbmasken-Sperlingspapagei
Forpus xanthops

Engl.: Yellow-faced Parrotlett
Franz.: Toui à tete jaune
Span.: Cotorrita Carigualda

Synonym: Gelbgesicht-Sperlingspapagei, in älteren Quellen Gelbwangenpapagei.
Erstbeschreibung: Der Gelbmasken-Sperlingspapagei ist eine monotypische Art die als *Psittacula xanthops* von Salvin, 1895, (Vina, Huamachuco) erstmals beschrieben wurde. Zunächst wurde der Gelbmasken-Sperlingspapagei als Unterart von *Forpus coelestis* beurteilt, auch Reichenow sieht den Gelbmasken-Sperlingspapagei noch als Unterart des Blaugenick-Sperlingspapageis und führt ihn als *Forpus coelestis xanthops*. Spätestens seit Wolters wird er aber als monotypische Art geführt, da zu dem Blaugenick-Sperlingspapagei zwar eine enge Beziehung besteht, aber die Größenunterschiede und die abweichende Färbung die Behandlung als eine eigenständige Art sinnvoller erscheinen ließen.

Beschreibung: Kräftige, kompakte Gestalt mit aufrechter Haltung und einer Gesamtlänge von 15 cm. Haltung circa 60 Grad, Rückenlinie geradlinig, Flügel eng anliegend, reichen bis an das Ende des Oberschwanzgefieders ohne zu kreuzen, Kopf massig und leicht gewölbt, Schnabel nicht ganz eingezogen, kräftiger Oberschnabel. Gewicht rund 50 Gramm.

Hinweis Wie bei keiner anderen Sperlingspapageienart ähneln sich die beiden Geschlechter, hier besitzen auch die Weibchen blaue Gefiederanteile. Dementsprechend ist auch nur bei dieser Art bei den Weibchen ein blauer Hinterrücken oder Bürzel im Ausstellungswesen zugelassen. Es handelt sich um ein arttypisches Merkmal und nicht um Hahnenfiedrigkeit. Die Schnabelfarbe kann variieren, die schwarzbraune Oberschnabelbasis ein Indikator für die einsetzende Brutstimmung sein, da sich dann die Ausdehnung vergrößert und glänzender erscheint.

Gelbmasken-Sperlingspapagei im Freiland. Diese Art hat ein sehr begrenztes Verbreitungsgebiet in Peru (Foto Karl-Heinz Lambert).

Der Gelbmasken-Sperlingspapagei ist ein kräftiger, kompakter Vogel und mit 15 cm die größte Sperlingspapageienart.

Adultes Männchen: Stirn, Wangen, Kehle und Scheitel sind beim Männchen intensiv gelb und zu den übrigen Gefiederpartien klar abgegrenzt. Der Augenstrich ist blaugrau, zum Nacken breit auslaufend. Der Nacken ist grün mit graublauem Überhauch. Brust, Bauch und Steiß sind graugrün mit gelbem Anflug. Oberrücken und kleine Flügeldecken grün mit grauem Überhauch. Unterrücken, Bürzel, große Flügeldecken und Flügelbug tief dunkelblau. Handschwingen Oberseite Außenfahnen grün, Innenfahnen grün in dunkelgrau übergehend. Armschwingen Oberseite Außenfahnen blau, Innenfahnen grau. Handschwingen und Armschwingen an der Unterseite grau mit blauem Anflug. Untere Flügeldecken sind tief blau. Oberschwanzgefieder grün, Unterschwanzgefieder graugrün mit bläulichem Überhauch. Augen dunkelbraun, Iris schwarz. Schmaler, nackter Augenring hellgrau nach vorne auslaufend. Schnabel hornfarben mit schwarzbraunem First. Nasenhaut, Ständer und Füße fleischfarben, Krallen hellbraun.
Adultes Weibchen: Das Weibchen ist in den Grundfarben etwas matter, der Hinteraugenstreif ist weniger intensiv und alle Blauteile des Weibchens sind hellblau. Die Unterflügeldecken sind graugrün und die Schnabelfarbe ist etwas heller. Ansonsten sind die Gefiederteile wie beim Männchen.
Juvenile Vögel: Nach Verlassen des Nestes sind die Jungtiere insgesamt etwas matter gefärbt, die Hornteile sind hell fleischfarbig, die dunkle Schnabelfärbung zeigt sich erst nach zwei bis vier Monaten.
Verbreitung: Gelbmasken-Sperlingspapageien haben ein relativ kleines Verbreitungsgebiet im nordwestlichen Peru. In der Provinz Libertad sind

Status

Verlässliche Daten zum Status dieser Art liegen nicht vor, die Gelbmasken-Sperlingspapageien wurden als verhältnismäßig häufig in ihrem kleinen Verbreitungsgebiet angesehen. In den letzten Jahren sollen Bestandsrückgänge zu verzeichnen sein.

sie im oberen Maranon Valley anzutreffen. Der Maranon ist ein Quellfluss des Amazonas.Das Verbreitungsgebiet erstreckt sich auf etwa 110 km Länge.

Gelbmasken-Sperlingspapageien in ihrem Lebensraum

Der typische Lebensraum dieser Art wird von Dornbuschsavannen und offenen Landschaftsformen geprägt. Lichte Laubwälder in der trockenen, oberen tropischen Zone gehören ebenso dazu wie flussnahe Gegenden am Rio Maranon. Das Verbreitungsgebiet umfasst Höhenlagen zwischen 600 und 1700 m über NN. Die Niederschläge sind gering, das Klima verhältnismäßig trocken, wobei sich die Temperaturen zwischen 10 °C im Winter und 25 °C und darüber im Sommer bewegen. Lambert (pers. Mitteilung) konnte sogar Temperaturen im Verbreitungsgebiet von bis zu 40 °C feststellen. Bei diesen Extremtemperaturen hatten sich die Gelbmasken-Sperlingspapageien in die etwas kühleren Nebentäler des Maranon Valley zurückgezogen.

In dem sehr begrenzten Verbreitungsgebiet wandern die Vögel entsprechend des Nahrungsangebots umher, wobei sich nur zur Nahrungsaufnahme kleine Trupps von etwa 20 Vögeln bilden, sonst sind sie paarweise unterwegs. Offenbar leben Gelbmasken-Sperlingspapageien monogam. Berichte über das Freileben dieser Art sind äußerst selten. Meist findet man in der gängigen Literatur zu diesem Thema Kommentare „unbekannt“ oder „keine Angaben“.

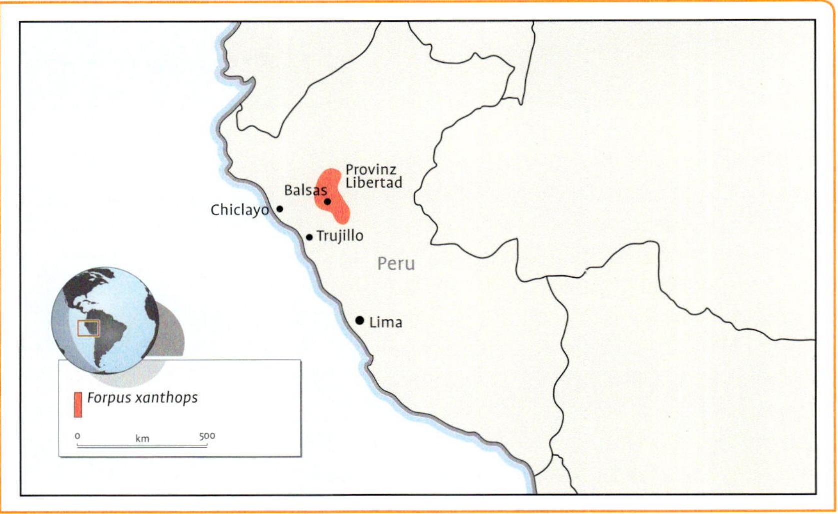

Verbreitungsgebiet des Gelbmasken-Sperlingspapageis.

Gelbmasken-Sperlingspapageien in menschlicher Obhut

Erstmalig in Deutschland war diese Art 1975 bei W. Heinrich in Mainz. Die Vögel kamen 1976 in den Vogelpark Walsrode, wo Gelbmasken-Sperlingspapageien mit Unterbrechungen bis heute zu sehen sind. Es ist kein Hinweis auf eine Einfuhr dieser Art vor 1975 nach Europa zu finden, und so war das Auftauchen bereits eine kleine Sensation in Fachkreisen. Ab 1979 kamen mehrfach Importe nach Europa, die leider häufig mit großen Verlusten verbunden waren. Vermutet wurde seinerzeit als Ursache Kokzidiose, mit der die Vögel während der Eingewöhnung bei den Händlern im Ursprungsland infiziert worden waren. Im Oktober 1979 erhielt der Midland Bird Garden

Park in Shropshire, England, zwölf Wildfänge, mit denen im Sommer 1980 die Zucht gelang. Bei einem Paar wurden aus einem 6er-Gelege alle sechs Jungen aufgezogen, bei einem weiteren Paar wurden drei Jungvögel selbstständig. Die Erstzucht in Deutschland gelang vermutlich im Jahre 1981, ein früherer Nachweis lässt sich nicht finden. 1982 gelang die Erstzucht in der Schweiz bei A. Fricker, der sechs Jungvögel aufziehen konnte.

Haltung

Für die Haltung dieser Art sollte man immer eine reine **Innenvoliere** oder eine kombinierte Innen- und Außenvoliere wählen, da es sich um sehr **bewegungsfreudige** Vögel handelt, die bei beengter Haltung sehr schnell zu **Fettleibigkeit** neigen. Eine Unterbringung in einer reinen Außenvoliere kommt zumindest ganzjährig für diese Art nicht in Frage, da man dem Temperaturbedürfnis der Gelbmasken schon Rechnung tragen und eine frostfreie Unterbringung gewährleisten muss.

Während der Zucht ist eine Unterbringung in entsprechend dimensionierten Zuchtboxen von etwa 120 × 40 × 40 cm (L × B × H) und größer problemlos möglich. Nach Beendigung der Zuchtsaison sollte aus den oben genannten Gründen eine Unterbringung in **Absetzvolieren** erfolgen. **Jungvögel** lassen sich dabei auch gut im **Schwarm** vergesellschaften, sogar eine gemeinsame Unterbringung von **Alt- und Jungvögeln** ist im Gegensatz zu anderen Sperlingspapageienarten möglich.

Ernährung

Die Ernährung der Sperlingspapageien ist ein nicht ganz einfaches Thema. Es geht vor allem dabei um die Diskussion „Fütterung mit oder ohne Sonnenblumenkerne“. Bereits Spitzer (1987) berichtet von der Vorliebe seiner Vögel für Sonnenblumenkerne und Hanf, weist aber ausdrücklich daraufhin, dass er diese Futtermittel streng rationiert hat, da seine Vögel sonst nichts anderes aufnehmen würden. Hanf wurde nur noch jeden achten Tag und Sonnenblumenkerne jeden zweiten Tag verfüttert. Er warnt bei Fütterung mit Hanf und Sonnenblumenkernen zur freien Aufnahme vor Verfettungen mit anschließenden Leberschäden und als Folge dem Verlust der Vögel. Ein Zuchterfolg wird sich dabei auch nicht einstellen.

Das eine ausgewogene **Fütterung** positiven Einfluss auf das **Brutverhalten** vieler Vogelarten hat ist unbestritten. Der Gelbmasken-Sperlingspapagei ist hier sicherlich ein sehr gutes Beispiel, wovon wir uns bei einem unserer Züchterbesuche wieder einmal überzeugen konnten. In der Zuchtanlage waren unter anderem zehn Paare Gelbmasken-Sperlingspapageien untergebracht, allesamt in hervorragender Kondition. Alle Paare waren in der Brut, hatten teilweise schon Jungvögel in den unterschiedlichen Entwicklungsstadien im Nest oder mit der Eiablage begonnen. Der Züchter führte diesen Erfolg auf seine Fütterungsmethode zurück. Er reichte eine Saatenmischung ohne Sonnenblumenkerne, die mit sehr fein geschnittenem Gemüse und Obst und einer Ergänzungsfuttermischung (Eifutter) angereicht oder vermengt wurde. Als Zusatzfutterstoffe setzte er ausschließlich natürliche Produkte aus dem Bereich der Imkerei ein. Der Obst- und Gemüseanteil wurde während der Brutvorbereitungen auf etwa 40 Prozent erhöht. Keim- oder Quellfutter wurde nicht gereicht.

Komplett gegensätzlich zu dieser Fütterungsmethode wird in letzter Zeit häufiger über die Fütterung mit **Pellets**, speziell im Zusammenhang mit der Haltung und erfolgreichen Zucht der Gelbmasken-Sperlingspapageien berichtet. Teilweise wurden Pellets zusätzlich gereicht, teilweise auch als Alleinfuttermittel eingesetzt.

Aus unserer Sicht sprechen immer noch die an anderer Stelle aufgeführten Argumente gegen eine Alleinfütterung mit Pellets, auf der anderen Seite kann man jedem erfolgreichen Züchter nur raten, sein Erfolgsrezept nicht zu ändern. Schwierig wird es, wenn die Vögel oder die Nachzuchttiere weitergegeben werden, denn damit ist meistens eine Futterumstellung auf eine Saatenmischung verbunden, was gelegentlich nicht ganz unproblematisch verläuft. Dass sich dies auch auf den weiteren Zuchtverlauf auswirken kann, ist zu berücksichtigen.

Gelbmasken-Sperlingspapageien gehen sehr verschwenderisch mit ihrem Futter um, eine entsprechend dimensionierte Futterschale mag hier schon helfen, das Herausschleudern des Futters ein wenig einzudämmen.

Zucht

Im Jahr der deutschen Erstzucht 1981 wurden gleich vier Zuchterfolge bekannt, unter anderem bei Frenger, der mit einer Zuchtbox der Maße 100 × 50 × 50 cm erfolgreich war. Als **Nistkasten** wurde dabei ein Wellensittichnistkasten im **Querformat** verwendet, der mit einem alten Agaporniden-Nest ausgestattet wurde, um die Akzeptanz zu steigern. Insgesamt wurden sechs Eier gelegt, die nach einer **Brutzeit** von 19 bis 21 Tagen zum Schlupf kamen. Fünf Junge wurden erfolgreich aufgezogen. Die Nestlinge besaßen ein dichtes, weißen Flaumgefieder. Frenger berichtet auch von einem relativ großen Eizahn. Nach neun Tagen öffneten die Jungen die Augen, mit 15 Tagen brachen die ersten Federkiele auf. Etwa mit 20 Tagen ließen sich schon die **Geschlechter** bestimmen, im Alter von 32 bis 35 Tagen verließen die Jungvögel den Nistkasten. Weitere zwei Wochen wurden sie dann noch von den Altvögeln gefüttert.

Ebenfalls im Jahr 1981 hatte Friebe einen sehr schönen Zuchterfolg mit einem Importpaar. Aus anfänglichem Platzmangel in einer Agaporniden-Zuchtbox mit den Maßen 90 × 50 × 50 cm untergebracht, zeigten seine Vögel anfänglich eine große **Scheu**, die sich auch später nur bedingt legte. Um den Vögeln eine Rückzugsmöglichkeit zu bieten, wurde ein Nistkasten angebracht, der aber nicht beachtet wurde, bis ein Zebrafinkenhahn (!) kurzfristig ebenfalls in dieser Box untergebracht wurde. Offenbar hat dieser, der ein starkes Interesse an dem Nistkasten zeigte, die Gelbmasken-Sperlingspapgeien zur Brut animiert. Nachdem der Zebrafink die Box wieder verlassen hatte, zogen die Gelbmasken in drei Bruten insgesamt zehn Jungvögel auf. Wie häufig bei **Importvögeln**, die zunächst relativ schnell zur Brut schreiten, setzte das Paar in den nächsten beiden Jahren mit der Zucht aus.

Nach diesen Erfolgsmeldungen der deutschen Erstzuchten fanden die Zuchtbemühungen und -erfolge natürlich ihre Fortsetzung. Mittlerweile gelingt regelmäßig die Zucht dieser sehr schönen Sperlingspapageien, aber immer noch nicht sehr häufig, wie auch die Zahlen der AZ-Nachzuchtstatistik (siehe Seite 21) belegen.

Paare, die zur Brut angesetzt werden, sollten mindestens zwölf bis 15 Monate alt sein. Mehr als bei jeder anderen Sperlingspapageienart spielt hier die **Paarharmonie** eine Rolle, diese Art ist in der Partnerwahl teilweise ausgesprochen stur. Die Möglichkeit der freien Partnerwahl in einer Schwarmhaltung verspricht die größten Erfolgsaussichten. Bei dem relativ hohen Preis und einem manchmal sehr begrenztem Angebot an

Ein Paar Gelbmasken-Sperlingspapageien.

blutsfremden Nachzuchtvögeln ist dies jedoch nicht für alle Liebhaber realisierbar. Die Unterbringung der Paare während der Brutperiode in **Zuchtboxen** von 120 × 40 × 40 cm oder 120 × 40 × 50 cm hat sich in der Praxis bewährt, diese Maße sollten nach Möglichkeit nicht unterschritten werden. Gelbmasken-Sperlingspapageien bevorzugen einen **Nistkasten** im **Querformat**, möglichst mit einer **abgetrennten Brutkammer**. Bei den genannten Boxenabmessungen kann der Nistkasten auch in der Zuchtbox angebracht werden, ohne den Bewegungsradius der Vögel stark einzuengen.

Zusammenfassend können die brutbiologischen Daten wie folgt dargestellt werden: **Gelege** vier bis sechs Eier, **Brutzeit** zwischen 21 und 23 Tagen, **Nestlingszeit** vier bis fünf Wochen, nach weiteren zwei Wochen sind die Jungen selbstständig.

Mutationen

Bisher sind keine Mutationen in Menschenobhut bekannt geworden.

Mischlinge

Leider gab es in den vergangenen Jahren immer wieder einmal Mischlinge mit Blaugenick-Sperlingspapageien. Dies geschah sicherlich in den wenigsten Fällen aus Unkenntnis oder in Ermangelung eines passenden Partners – was natürlich ebenfalls nicht zu tolerieren ist, sondern hatte eher pekuniäre Gründe. Gelbmasken-Sperlingspapageien hatten schon immer ihren Preis und galten als nicht einfach in der Zucht. Da lag es offenbar nahe, durch das Einkreuzen von Blaugenick-Sperlingspapageien die „Zuchtresultate“, in diesem Fall die Reproduktionsrate und nicht die Qualität, zu steigern und jeweils einen Mischlingsvogel und einen artreinen Gelbmasken-Sperlingspapagei als Paar zu verkaufen. Diese Mischlinge konnte man sogar auf der einen oder anderen Vogelschau sehen. Man kann nur hoffen, dass diese Praxis der Vergangenheit angehört!

Farbspielarten bei Agaporniden und Sperlingspapageien

Dieses Buch kann kein Genetiklexikon sein oder alle derzeit bekannten Mutationen, Kombinationen und Transmutationen bei den *Agapornis*-Arten und den Sperlingspapageien vollständig darstellen. Der Schwerpunkt liegt hier eindeutig auf den wildfarbigen Arten. Dennoch ist ein Schwenk auf die vielen Farbspielarten unerlässlich. Dass es eine Auswahl bleiben muss, liegt in der Natur der Sache.

Einige *Agapornis*-Arten und der Blaugenick-Sperlingspapagei gehören zu den mutationsfreudigsten Arten im Bereich der Sittiche und Papageien. Begünstigt wird dies durch die relativ leichte Züchtbarkeit einiger Arten, hohe Reproduktionsrate und das verhältnismäßig schnelle Erreichen der Geschlechtsreife.

Im Folgenden werden einige wesentliche und immer wieder verwendete Begriffe vorgestellt und erläutert, die gängigsten Vererbungsregeln beleuchtet, kurz auf die nationale und internationale Namensgebung eingegangen und natürlich auch einige ausgewählte Mutationen und Kombinationen beschrieben.

Allgemeine Vererbungsregeln

Wer nicht nur wildfarbige Vögel züchten möchte, sondern sich mit dem Gedanken trägt in die Farbzucht einzusteigen, der muss sich zwangsläufig mit den Vererbungsregeln befassen. Man kann mit diesem Wissen selbst weitere Mutationen und Kombinationen züchten und sich Ärger ersparen. Dann ist beispielsweise gewährleistet, dass man keine spalterbigen Weibchen einer geschlechtsgebunden vererbenden Mutation erwirbt – weil man weiß, dass es diese ja gar nicht geben kann.

Die Genetik ist ein derart umfangreiches Gebiet, das hier natürlich nur ansatzweise behandelt werden kann. Zu bedenken ist bei diesen Vererbungsschemata, dass die möglichen Ergebnisse immer auf fiktive 100 % hochgerechnet sind und nicht alle innerhalb der ersten oder einer Brut fallen müssen, wenn es für den Züchter auch noch so wünschenswert wäre.

Allgemein bekannt sind **vier Vererbungsformen**. Die einzelnen Möglichkeiten stellen wir nachfolgend mit begrifflicher Definition und Vererbungsbeispielen vor. In diese Vererbungsformeln kann man die entsprechenden Farben der geplanten Verpaarungen einsetzen, um so einen schnellen Überblick der zu erwartenden Ergebnisse zu erhalten.

Dominante Vererbung

Dominant heißt: vorherrschend, hervortretend – das heißt, die Ergebnisse sind an den Nachkommen sichtbar. Ist einer der Elternvögel in einer Farbe dominant, so zeigen die Jungvögel ebenfalls diese Farbe. Es gibt **keine spalterbigen Vögel** bei dieser Vererbungsform, dabei ist es gleichgültig ob

Verpaarungsmöglichkeiten und Ergebnisse der dominanten Vererbung

Eltern	Nachkommen
einfaktorig dominant × wildfarbig	50% einfaktorig dominant 50% wildfarbig
einfaktorig dominant × einfaktorig dominant	50% einfaktorig dominant 25% zweifaktorig dominant 25% wildfarbig
zweifaktorig dominant × wildfarbig	100% einfaktorig dominant
zweifaktorig dominant × einfaktorig dominant	50% einfaktorig dominant 50% zweifaktorig dominant
zweifaktorig dominant × zweifaktorig dominant	100% zweifaktorig dominant

das Männchen (1,0) oder das Weibchen (0,1) die Farbe trägt. Bei der dominanten Vererbung gibt es **einfaktorige** und **zweifaktorige Vögel**.

Rezessive Vererbung
Rezessiv vererben heißt: verdeckt, nicht sichtbar. Verpaart man einen dominant vererbenden Vogel mit einem rezessiv vererbenden, so zeigen die Nachkommen die Farben des dominanten Elternteils. Bei dieser Vererbung gibt es sowohl **spalterbige Männchen** als auch **Weibchen**. Dieses ist der wichtigste Unterschied gegenüber den anderen Vererbungsformen.

Verpaarungsmöglichkeiten und Ergebnisse der rezessiven Vererbung

Eltern	Nachkommen
1,0 wildfarbig × 0,1 rezessiv 0,1 wildfarbig × 1,0 rezessiv	100% wildfarbig/rezessiv 100% wildfarbig/rezessiv
1,0 wildfarbig/rezessiv × 0,1 rezessiv 0,1 wildfarbig/rezessiv × 1,0 rezessiv	50% wildfarbig/rezessiv 50% wildfarbig/rezessiv
1,0 wildfarbig/rezessiv × 0,1 wildfarbig/rezessiv	50% wildfarbig/rezessiv 25% rezessiv 25% wildfarbig
1,0 wildfarbig/rezessiv × 0,1 wildfarbig 0,1 wildfarbig/rezessiv × 1,0 wildfarbig	50% wildfarbig/rezessiv 50% wildfarbig
1,0 rezessiv × 0,1 rezessiv	100% rezessiv

Geschlechtsgebundene Vererbung
Geschlechtsgebunden vererben heißt: die Farbe ist an das Geschlecht gebunden, wobei das Männchen zwei Faktoren und das Weibchen einen Fak-

Verpaarungsmöglichkeiten und Ergebnisse der geschlechtsgebundenen Vererbung

Eltern	Nachkommen
1,0 geschlechtsgeb. × 0,1 wildfarbig	1,0 wildf./geschlechtsgeb. 0,1 geschlechtsgeb.
1,0 wildfarbig × 0,1 geschlechtsgeb.	1,0 wildf./geschlechtsgeb. 0,1 wildfarbig
1,0 wildf./geschlechtsgeb. × 0,1 geschlechtsgeb.	1,0 geschlechtsgeb. 1,0 wildf./geschlechtsgeb. 0,1 geschlechtsgeb. 0,1 wildfarbig
1,0 wildf./geschlechtsgeb. × 0,1 wildfarbig	1,0 wildf./geschlechtsgeb. 1,0 wildfarbig 0,1 geschlechtsgeb. 0,1 wildfarbig
1,0 geschlechtsgeb. × 0,1 geschlechtsgeb.	1,0 geschlechtsgeb. 0,1 geschlechtsgeb.

Beispiele von Verpaarungsergebnissen zwischen der rezessiven und der geschlechtsgebundenen Vererbungsform	
Eltern	**Nachkommen**
1,0 rezessiv × 0,1 geschlechtsgeb.	1,0 wildf./rez./geschlechtsgeb. 0,1 wildf./ rezessiv
1,0 geschlechtsgeb. × 0,1 rezessiv	1,0 wildf./geschlechtsgeb./rez. 0,1 geschlechtsgeb./rez.

tor in der entsprechenden Farbe trägt. Bei dieser Verpaarung gibt es **keine spalterbigen Weibchen**.

Hierbei können alle Farben, die rezessiv oder geschlechtsgebunden vererben, eingesetzt werden.

Intermediäre Vererbung

Hierbei handelt es sich um eine Zwischenform der rezessiven und der dominanten Weitergabe genetischer Informationen. Man bezeichnet diese Vererbungsform gelegentlich auch als „vermittelnde" Vererbung oder auch als „dominant-intermediär". Die Jungvögel bei dieser Vererbung liegen in ihrer Färbung zwischen männlichem und weiblichem Elternteil. Bei dieser Vererbung gibt es **keine spalterbigen** Vögel.

Diese Vererbungsform unterscheidet sich im Wesentlichen von den anderen Erbgängen dadurch, dass das Vorhandensein nur eines Faktors (Gens) für Dunkelfarbigkeit als Unterschied zur Grundfarbe optisch bereits eindeutig zu erkennen ist. Diese sichtbare Farbe weicht jedoch auch deutlich von den Vögeln mit zwei **Dunkelfaktoren** ab. Ein Dunkelfaktor lässt den Vogel dunkelgrün (D grün) beziehungsweise kobaltblau (D blau) erscheinen, bei Vorhandensein zweier Dunkelfaktoren erscheinen die Vögel oliv (DD grün) beziehungsweise mauve (DD blau).

Die Bezeichnungen „Wildfarbe, dunkelgrün (D grün) und olivgrün (DD grün)" in der nachfolgenden Tabelle kann man in der Blaureihe ersetzen durch die Farben „Blau, Kobalt (D blau) und Mauve (DD blau)".

Verwundern wird so manchen die Bezeichnungen in den Klammern. Hierzu einige Erklärungen. Seit einigen Jahren versuchen Arbeitsgruppen, die sich mit Genetik auseinandersetzen, einheitliche Bezeichnungen bei

Verpaarungsmöglichkeiten und Ergebnisse der intermediären Vererbung	
Eltern	**Nachkommen**
dunkelgrün (D grün) × dunkelgrün (D grün)	25% Wildfarbe (grün) 50% dunkelgrün (D grün) 25% olivgrün (DD grün)
dunkelgrün (D grün) × Wildfarbe (grün)	50% dunkelgrün (D grün) 50% Wildfarbe (grün)
dunkelgrün (D grün) × olivgrün (DD grün)	50% dunkelgrün (D grün) 50% olivgrün (DD grün)
olivgrün (DD grün) × Wildfarbe (grün)	100% dunkelgrün (D grün)
olivgrün (DD grün) × olivgrün (DD grün)	100% olivgrün (DD grün)

Bezeichnungen Vor der **Farbmutation** ein großes D oder DD bedeutet: D grün (Dunkelfaktor), DD grün (doppelter Dunkelfaktor).
Bei den **dominant vererbenden Mutationen:** SF (Single Faktor) für einfaktorige Vögel und DF (Double Factor) für doppelfaktorige Vögel.
Da es zwei verschiedene Vererbungsweisen bei den **Inos** gibt, verwendet man SL (Sex-linked) ino für die geschlechtsgebunden vererbenden und NSL (Non-Sex-linked) ino für die rezessiv vererbenden Inos.

der Vererbung zu finden. So auch bei den Dunkelfaktoren. Üblicherweise benutzte man in Deutschland die Bezeichnungen Grün, Dunkelgrün und Olivgrün, aber in anderen Ländern wurden abweichende Namen benutzt. Für Anfänger war es oft schwer zu verstehen, warum beispielsweise für einen blauen Vogel mit zwei Dunkelfaktoren die Bezeichnung „Mauve" benutzt wurde. Man konnte annehmen, dass es sich hierbei um eine eigene Mutation handelt, obwohl es nichts anderes ist als eine Kombination aus zwei Dunkelfaktoren und Blau. So kam man darauf, die Dunkelfaktoren dadurch kenntlich zu machen, dass man vor die Namen der veränderten Farbe Großbuchstaben zur Unterscheidung setzte. Ein großer Vorteil dieses Systems ist, dass es bei Grün, Blau und jeder anderen Basismutation angewendet werden kann.

Was sind Mutationen?

Mutationen sind plötzlich auftretende Änderungen der Farbe eines Vogels. Diese Veränderungen finden in den Genen, also in den Erbanlagen statt und nicht nur in solchen, die die Farbe betreffen. Sie können weitervererbt werden, ein Vorgang, der sowohl in freier Natur als auch in unseren Zuchtanlagen auftritt. Tiere, die eine Mutation tragen, nennt man in der Biologie **Mutanten**. Allerdings werden sie in der züchterischen Umgangssprache als „Mutationen" bezeichnet.

Im Freileben haben Mutanten durch ihre abweichende Färbung oft nur sehr geringe Überlebenschancen, in unseren Zuchtanlagen sieht dies natürlich ganz anders aus. Hier werden Mutationen zumeist gezielt weiter vermehrt. Inzwischen zählen die Agaporniden, hier speziell das **Rosenköpfchen** und bei den Sperlingspapageien der **Blaugenick-Sperlingspapagei** zu den mutationsfreudigsten Arten innerhalb der Papageienfamilie.

Weil es zwischenzeitlich unendlich viele Farbschläge mit den unterschiedlichsten Bezeichnungen für ein und denselben Vogel gibt, war es an der Zeit, einheitliche Namen für die einzelnen Farben zu finden. Die neue Namensgebung sollte auch international eine eindeutige Bezeichnung der Mutationsvögel gewährleisten.

Häufig werden Neumutationen einfach nach dem Sichtbild oder dem optischen Empfinden des Züchters benannt und stellen dabei eine bloße Beschreibung einer persönlichen Geschmacksrichtung dar, ohne Überprüfung, ob die gewählte Bezeichnung sachlich richtig und genetisch möglich ist. So war es wichtig, in den neu festzulegenden, **internationalen Mutationsbezeichnungen** einen Standard zu finden, der im Wesentlichen auf der Genetik des Vogels basiert.

Bei den ganzen Betrachtungen der Mutationen hat sich herausgestellt, dass unzutreffende Bezeichnungen für einzelne Mutationsformen verwendet worden waren und dass allgemein verwandte Mutationsbezeichnungen, wie zum Beispiel „ Pastellgelb" bei den *Agapornis*-Arten unterschiedli-

Das gescheckte Schwarzköpfchen ist immer noch eine sehr seltene Mutation.

Links: Beim Pfirsichköpfchen gibt es inzwischen Schecken in allen Farben und Kombinationen.

Rechts: Hier ein Schecke grün. Die Scheckung kann in allen Gefieder- und Hornteilen auftreten.

Hinweis Wir haben uns in diesem Buch dazu entschlossen, die alten Bezeichnungen, sofern vorhanden, zu verwenden und die neuen in Klammern zu setzen, da viele Züchter sich mit den Neuerungen noch nicht anfreunden können, sich aber langsam daran gewöhnen sollten.

che Mutationsformen bezeichnet haben. So wird der pastellgelbe *Agapornis roseicollis* als dilute (verdünnt) und der pastellgelbe *Agapornis personatus* als „pastell“ bezeichnet, nach der Anpassung an internationale Gepflogenheiten. Bei den Sperlingspapageien heißt der früher „isabell“ genannte Blaugenicksperling jetzt „faded“ und den vormals „isabell“ bezeichneten Grünbürzelsperling nennt man jetzt „dilute“.

Was sind Modifikationen?

Eine Farbveränderung des Vogelgefieders, die durch **äußere Einflüsse** wie Ernährung, Haltung oder Unterbringung entsteht, bezeichnet man als Modifikation. Sie kann **nicht weitervererbt** werden und somit ist eine Modifikation zur Weiterzucht oder zum Einbringen bestimmter Faktoren in eine vorhandene Mutationslinie sinnlos. Modifikationen können temporär und nach der nächsten Mauser verschwunden sein. Als Beispiel hierfür mag beispielsweise das Auftreten gelber Federn dienen, die allein durch eine Änderung der Haltungsbedingungen verschwinden können. Auch die sogenannten „Halbseiter“ sind eine Modifikation.

Was sind Kombinationen?

Durch die Verpaarung zweier unterschiedlicher Mutationen erhält man eine sogenannte Kombination. Kombinationen können natürlich nicht nur durch die Verpaarung zweier unterschiedlicher Farben entstehen, sondern auch durch die Verpaarung eines Farbvogels mit einem Vogel, der nur einen bestimmten Faktor in sich trägt. Es ist heute keine Schwierigkeit, Mehrfachkombinationen aus mehrfach spalterbigen Vögeln zu züchten. Um sich auf dieses Gebiet zu begeben, sollte man in den Erbgängen der einzelnen Mutationsvögel sehr sicher sein. Schwierigkeiten bereitet häufig, dass man von einigen Vögeln die verschiedenen Spalterbigkeiten, die sie tragen, nicht kennt und somit Kombinationen auch nicht gezielt planen kann.

Was sind Transmutationen?

Bei einer Transmutation werden Arten untereinander gekreuzt, um zum Beispiel bestimmte Merkmale oder Farben von einer Art in die andere Art zu „transportieren“. So wurde unter anderem die blaue Farbe von den *Agapornis personatus* in die *Agapornis fischeri* übertragen. **Artkreuzungen** sind nichts Neues, bei Pflanzen wird vielfach mit Artkreuzungen gearbeitet, nur bezeichnet man die **Hybriden** oder Artbastarde dort als „veredelt“. In der Vogelzucht stößt diese Vorgehensweise in der Zucht zumeist auf berechtigten Protest und man redet von Hybriden – die geläufige Bezeichnung Mischlinge drückt es vielleicht ein wenig krasser, aber verständlicher aus.

Neue Farben, die bei der Transmutation entstehen, sind aber von vielen gewünscht – aus welchen Gründen auch immer. Tatsache ist, dass **nicht** alle Nachzuchten bei Transmutationen **fruchtbar** sind, ähnlich wie bei Maultier und Muli, die auch aus Artkreuzungen gezüchtet werden. Die vier *Agapornis*-Arten mit den weißen Augenringen bringen untereinander fruchtbare Nachzuchten, Kreuzungen aus *Agapornis roseicollis* und *Agapornis personatus* dagegen unfruchtbare. Die Natur schiebt dann den Riegel vor, wenn die Tiere genetisch zu wenig miteinander verwandt sind, dass eine Weiterzucht die Überlebensfähigkeit der Nachkommenschaft reduzieren würde.

Mutationen bei den einzelnen Agapornidenarten

Es gibt immer noch *Agapornis*- und *Forpus*-Arten, bei denen wenig oder keine Mutationsformen bekannt sind. Zu diesen gehört das **Grauköpfchen**. Es gab das Bild eines „gelben“ *Canus*, welcher als Jungvogel grün war und dessen Gefieder sich später gelb färbte. Mit hoher Wahrscheinlichkeit deutet dies auf eine Modifikation hin, auch weil es keine Nachzuchten von diesem Vogel gab.

Im Jahr 2005 wurden Farbmutationen des Grauköpfchens von Georges Vangronsveld in den Niederlanden angeboten. Es stellte sich heraus, dass es aufgehellte Vögel und bis dato nur Weibchen erzüchtet worden waren. Durch verschiedene Verpaarungen versuchte man herauszufinden, wie diese Vögel vererben. Bis heute konnte dies nicht genau bestimmt werden. Ein Vorschlag war, diesen Vogel vorerst „pallid“ (blass) zu nennen, bis die Vererbung mit Sicherheit geklärt ist.

Bei den **Orangeköpfchen** ist derzeit keine Mutation bekannt. Laut Brockmann/Lantermann gab es Meldungen aus Portugal über eine Lutino-Mutation. Ebenfalls bei Brockmann/Lantermann wird angegeben, das es laut Hayward (1979) blaue Orangeköpfchen geben soll. In der Originalausgabe (1979) seines Buches berichtet Hayward ebenso wie in der 3. Auflage (1989) von einer Lutino-Mutation bei der man prüfte, ob sie rezessiv vererbt, von der blauen Mutation ist dort keine Rede. In weiterer einschlägiger Literatur ist von einer solchen Mutation zu diesem Zeitpunkt nichts zu finden.

Bereits seit einigen Jahren sind Mutationen bei den **Tarantapapageien** bekannt, und zwar sind es nachweislich bisher die Farben Dunkelgrün (D grün), Olivgrün (DD grün) Misty EF und DF, Bronze Falbe und Pale Falbe. Der erste Taranta in Pale Falbe fiel bereits 1999 aus einem wildfarbenen Paar bei Wilhelm Schoon, es war ein Weibchen. Leider verstarb dieser Vogel im Jahr 2000 an einem Geschwür. Weitere rotäugige Jungvögel verstarben kurz nach dem Schlupf. Im Jahr 2005 schlüpfte wieder ein rotäugiger Vogel, diesmal ein Männchen. Beide Falben-Mutationen vererben rezessiv. Erkennen kann man den Bronze-Falben bereits im Nest an den dunkelroten Augen, im Gegensatz zum Pale Falben, der ein leuchtend hellrotes Auge hat. Nach Aufbrechen der Federn sind beide Mutationen sehr gut voneinander zu unterscheiden, da der Pale Falbe ein fast gelbes Gefieder zeigt.

In letzter Zeit wird auch von einer Schecken-Mutation berichtet, leider gibt es dazu noch keine sicheren Angaben.

Eine sehr beliebte und etablierte Mutation ist das Orangemasken-Rosenköpfchen.

Rosenköpfchen

Die meisten echten Mutationen, insgesamt 16, gibt es beim Rosenköpfchen. Verpaart man diese untereinander, erhält man unzählige Kombinationen. Alle hier unterzubringen würde den Rahmen des Buches sprengen, einige sollen aber Erwähnung finden.

Als erste Mutation trat 1963 das **pastellblaue** (aqua) Rosenköpfchen auf, die Vererbungsweise ist rezessiv. Bereits 1967 kamen die ersten gelb gescheckten (dominant **Schecke**), die Vererbung hierbei ist, wie die neue Namensgebung sagt, dominant. Oft wurden anfangs sogenannte „spalterbige" Vögel, die es bei dieser Vererbungsweise nicht geben kann, angeboten. Hier zeigt sich, dass es sehr viel Sinn hat, sich etwas genauer mit der Vererbungslehre zu beschäftigen.

Dann gibt es noch die Gruppe der „**gelben**" Rosenköpfchen. Bereits 1954 trat in Japan der sogenannte Japan-golden-cherry (heute dilute) auf und kam Ende der 1960er Jahre nach Europa. Die Körperfarbe ist zitronengelb mit grünlichem Überhauch. Anfang der 1970er Jahre fiel in den USA eine weitere gelbe Mutante, die bisher Amerikanisch-golden-cherry hieß. Die Rücken- und Flügelzeichnung dieser Vögel ist dunkel gelbgrün gesäumt, infolge dessen hat man diese Mutation umbenannt in Rosenköpfchen „gesäumt".

Eine weitere gelbgrundige Mutation ist „Australisch zimt" (pallid). Diese Vögel wurden erstmals in Australien gezüchtet. Die Vererbung hierbei ist geschlechtsgebunden.

Wie bereits viele andere Mutationen, trat auch das **Lutino** (ino)-Rosenköpfchen zuerst in den USA auf und zwar erstmals 1969. Die Körperfarbe ist intensiv Gelb, die Maske hat die gleiche Farbe wie das wildfarbige Rosenköpfchen. Die Augen sind rot, und die Vererbung verläuft wie bei allen „echten" Inos, geschlechtsgebunden.

Anfang 1984 kamen aus Amerika die ersten Rosenköpfchen mit orangefarbiger Maske nach Europa zu Lichau. Der bekannte amerikanische

Die letzte bei den Rosenköpfchen aufgetretene Mutation sind die Opalin-Vögel. Eine noch seltene Kombination ist der hier gezeigte Opalin Weißmaske dunkelblau (Opalin D türkis).

Agapornidenzüchter Dr. Rainer Erhart hatte 1980 anlässlich eines Besuches bei D. Thompson junge grüne Rosenköpfchen mit einer orangefarbigen Maske entdeckt. Thompson erzählte, dass er die Elternvögel von Biggs jr. in Kalifornien habe. Dr. Erhart konnte ein Weibchen dieser Mutation erwerben und bezeichnete den Farbschlag als „orange face", was bei uns in Deutschland zu „**Orangemaske**" wurde. Die Vererbungsweise hierbei ist rezessiv.

Die bislang letzte Mutation bei den Rosenköpfchen sind die **Opaline**. 1997 kam aus Amerika die erste offizielle Meldung einer Opalin-Mutation bei Agaporniden. Aus einer Verpaarung grün/ino × D grün fielen die ersten Opalin-Jungvögel. Aus Belgien wurden die ersten Opaline 1999 gemeldet.

Junge Rosenköpfchen sind nach dem Ausfliegen nicht vollständig ausgefärbt und zeigen unter anderem einen schwärzlichen Schnabel und eine blasse Maske. Hier je ein Jungvogel der Grün- und der Blaureihe im direkten Vergleich.

Ein echter Hingucker ist das Rosenköpfchen in der Mutation Opalin Lutino (Opalin SL Ino).

Inzwischen gibt es dort, sowie auch in den Niederlanden und Deutschland einen gesicherten Bestand von Vögeln dieser Mutation. Bei den Opalin-Rosenköpfchen hat sich das rote Psittacin der Maske bis in den Hinterkopf ausgebreitet, dadurch ist der Kopf vollständig rot. Die Mutation Opalin gibt es bei Agaporniden zurzeit nur bei den Rosenköpfchen. Wie bei allen Opalinvögeln ist die Vererbung geschlechtsgebunden.

Pfirsichköpfchen

Bei den Pfirsichköpfchen gibt es bereits eine Vielzahl an Mutationen und Kombinationen, wobei einige Farben durch **Transmutation** entstanden sind, wie zum Beispiel der Lutino (NSL ino), sowie blaue und dunkelfaktorige Vögel. Die beiden letztgenannten entstanden durch Einkreuzen von Schwarzköpfchen.

Gescheckte Vögel wurden in zwei Formen erzüchtet, als **dominante** und **rezessive** Schecken. Die Vererbungsweise dieser Vögel ergibt sich aus ihrer Bezeichnung.

Wie bei den Rosenköpfchen gibt es auch bei den Pfirsichköpfchen **Pale** und **Bronze Falben**, beide Falbenmutationen vererben rezessiv. 1989 kam aus Dänemark die Meldung, dass bei Nielsen die ersten Pale Falben gezüchtet wurden, und auch die Erstzucht des Bronze Falben wurde aus Dänemark bekannt. Diese Vögel wurden 2002 anlässlich einer Vogelschau des Dänischen Agapornidenclubs gezeigt.

Eine ebenfalls rezessive Mutation ist das **gelbe Schwarzauge** (dark eye clear, kurz DEC). Dieser Farbschlag der Pfirsichköpfchen soll erstmals in Südafrika aufgetreten sein.

Eine noch selten vorkommende Mutation bei den Pfirsichköpfchen ist die dominant vererbende Farbe **Slaty**, über welche erstmals 1998 berichtet wurde. Slaty bedeutet übersetzt „schieferfarbig". Bei den Pfirsichköpfchen ist Slaty eine echte Mutation, während sie bei Schwarz- und Rußköpfchen durch Transmutation entstanden ist.

Die bisher letzte Mutation beim Pfirsichköpfchen trägt die Bezeichnung „Euwing", abgeleitet von der englischen Übersetzung für: Eumelaninzunahme in den Flügeln (**eu**melanine increase in the **wing**s). Die Erstmel-

Unten links: Eine Mutationsform mit Dunkelfaktor ist das Pfirsichköpfchen dunkelblau (D blau).

Unten rechts: Ein Pfirsichköpfchen Schecke violett mit einer zu starken Aufhellung. Die Scheckung soll gleichmäßig sein und etwa 50 % der Grundfarbe zeigen.

Links: Pfirsichköpfchen dunkelgrün (D grün) mit einer sehr schön abgegrenzten Brust- und Bauchfarbe.

Rechts: Pfirsichköpfchen pastellgrün.

dung dieser Mutation erfolgte 2004. Entstanden sind die Vögel aus der Verpaarung 1,0 hellgrün × 0,1 lutino bei P.Verheijde. Zwischenzeitlich sind Euwings in der Grün- und der Blaureihe bekannt. Die Vererbung hierbei ist dominant intermediär und es gibt sowohl einfaktorige (SF) als auch zweifaktorige (DF) Vögel.

Schwarzköpfchen

Das Schwarzköpfchen brachte im Gegensatz zum Pfirsichköpfchen nicht so viele echte Mutationen hervor. Die älteste ist laut Literatur ein blauer Wildfang. Im Jahr 1931 soll dieser in Tansania 1927 gefangene Vogel die ersten blauen Nachzuchten gebracht haben. Hierbei handelt es sich um eine echte blaue Mutante, die rezessiv vererbt. In den USA 1935 erstmalig erwähnt wurde das pastellgelbe (pastel) Schwarzköpfchen. Auch bei diesen Vögeln ist die Vererbungsweise rezessiv.

Schwarzköpfchen violett, die Brustfarbe sollte rein weiß sein.

Weiter gibt es seit längerem auch Schwarzköpfchen mit Dunkelfaktor sowie violette einfaktorige (SF) und zweifaktorige (DF) Vögel. Die ersten violetten Schwarzköpfchen fielen 1995 in den Niederlanden bei Koos Hammer. Als Falben sind hier nur die rezessiv vererbenden Bronze Falben bekannt. Die Lutino (NSL ino)-Schwarzköpfchen sind auch Transmutationen. Kombinationen, die aus all diesen Farben gezüchtet werden, machen das Bild auch beim Schwarzköpfchen schön bunt.

Erdbeerköpfchen

Bei den Erdbeerköpfchen gibt es bisher nur eine echte Mutation. 1936 wurden die ersten artenreinen, rezessiv vererbenden Lutinos (NSL ino) bei Prendergast in Austalien gezüchtet. Über die USA kamen Jahre später Nachzuchten davon nach Europa. Mit Sicherheit kann man aber sagen, dass alle heute in Deutschland vorhandenen Lutino Erdbeerköpfchen nicht mehr artenrein sind.

Alle weiteren Farben bei den Erdbeerköpfchen sind durch Transmutation entstanden. Bei Lietzow fielen 1992 pastellgelbe Erdbeerköpfchen aus einem phänotypisch wildfarbenen Paar, nachdem dieses zuvor in drei Bruten wildfarbene Jungtiere hervorgebracht hatte. Eine Rückverfolgung beider Elternvögel über drei Generationen brachte keinen Hinweis auf andersfarbige Vögel. Die Nachzuchten wurden abgegeben und bei dem neuen Besitzer lagen auch ab und zu pastellfarbene Vögel im Nest, die aber nicht lange lebten. Weitere Meldungen über diese Vögel gab es danach nicht mehr. Pastellgelbe Vögel werden heute ebenfalls zu den Transmutationen gezählt.

Es sollen bei den Erdbeerköpfchen pastellblaue (aqua) Vögel vorhanden gewesen sein. In ausländischer Literatur existieren Bilder eines solchen Vogels. Vermutlich sind dieses aber Modifikationen.

Aus einem wildfarbigen Paar Erdbeerköpfchen fielen diese drei Jungvögel, die seinerzeit als pastellgelb bezeichnet wurden. Heute vertritt man die Ansicht, dass mit einer Ausnahme alle Mutationen des Erdbeerköpfchens Transmutationen sind. Dieser Auffassung würden wir uns angesichts dieser Nachzuchten nicht anschließen.

Schecken sind bei den Blaugenick-Sperlingspapageien heute schon häufiger anzutreffen. Die Zeichnung variiert dabei sehr stark. Hier je ein Vogel aus der Grün- und der Blaureihe.

Rußköpfchen

Auch bei den Rußköpfchen sind die meisten Farbschläge Transmutationen. Die erste Meldung einer echten Mutation bei den Rußköpfchen kam 1980 aus den Niederlanden und zwar über die Mutation Misty. Unabhängig davon fiel die Mutation Misty auch bei den Pfirsichköpfchen. Somit ist sie bei diesen beiden Arten eine eigenständige Mutation und keine Transmutation.

Ebenfalls eine echte Mutation bei den Rußköpfchen ist der früher „übergossen" genannte Vogel. Hierbei sind die Farben verdünnt, daher bezeichnet man diese Mutation heute als „dilute", der Erbgang hierbei ist rezessiv. Erstmals von Calledahl in einer Vogelhandlung in Dänemark im Jahr 1990 gesehen wurden vier Vögel dieser Farbe. Er erwarb sie und konnte den Züchter ausfindig machen, der ihm bestätigte, dass die Rußköpfchen wildfarbiger Abstammung waren. Zwei der Nachzuchten gelangten in die Niederlande zu Hammer, der einige Jahre später erfolgreich Nachzuchten der Mutation Dilute melden konnte.

Mutationen der einzelnen Sperlingspapageienarten

Bei drei der sieben Arten sind bisher keine Mutationen bekannt, den Blaubürzel-, Schwarzschnabel- und den Gelbmasken-Sperlingspapageien. Im Gegensatz zu den *Agapornis*-Arten gibt es bei den Sperlingspapageien allgemein wenige Mutationen. Davon ausgenommen ist der Blaugenick-Sperlingspapagei.

Erstaunlicherweise wird über die Entstehung, Vererbung und Zucht von Mutationen der Sperlingspapageien in der einschlägigen Literatur deutlich weniger berichtet als bei den *Agapornis*-Arten. Warum, ist für uns schwer zu erklären, da die Anzahl der nachgezogenen Mutationsvögel beinahe an die Nachzuchtzahlen der Agaporniden heranreichen.

Dadurch, dass die Sperlingspapageien nicht viel Platz in der Zucht und Haltung benötigen und sich die Lärmbelästigung in Grenzen hält, finden sich immer mehr Freunde dieser kleinen Papageien – sei es als Halter oder

Ein selektierter Schecke, der schon fast ganz gelb ist. Die arttypischen Merkmale des Blaugenick-Sperlingspapageis sind gerade noch zu erkennen.

Züchter, als Liebhaber der wildfarbigen Vögel oder der Mutationen. Bei den Farbvögeln gibt es für Spezialisten noch viele Möglichkeiten. In dieser großen Farbpalette ist für jeden Geschmack etwas dabei – lassen wir uns also überraschen.

Grünbürzel-Sperlingspapagei

Vom Grünbürzel-Sperlingspapagei ist seit längerer Zeit die Mutation Isabell bekannt. Da sich bei diesem Farbschlag die Farbe verdünnt, ist die internationale Bezeichnung jetzt Dilute. Diese Vögel vererben rezessiv.

In jüngster Zeit sah man immer wieder Vögel, die in der Farbe dunkler waren als die wildfarbigen. Sie erhielten die Bezeichnung Oliv. Wie sich später herausstellte, handelt es sich bei diesen Vögeln um die Mutation Misty. Die Vererbung verläuft wie bei den *Agapornis*-Arten dominant intermediär.

Anlässlich einer großen Vogelschau in den Niederlanden fiel uns vor einigen Jahren ein „graugrüner“ Vogel auf, der in der Klasse der Grünbürzel-Sperlingspapageien ausgestellt war. Leider konnten wir nichts Genaueres zu dieser Farbbezeichnung erfahren. Bis heute ist uns kein weiterer Vogel bei dieser Art in „Graugrün“ bekannt.

Blauflügel-Sperlingspapageien

Die erste Mutation bei Blauflügel-Sperlingspapageien ist bekannt aus Brasilien, es war ein blauer Wildfang. Davon wurden im Laufe der Jahre bei Francisco Rocha mehrere blaue Vögel nachgezüchtet. In den USA wurde 1992 ein blaues Weibchen auf einer Vogelbörse in Kalifornien angeboten. Sie gelangte später in den Besitz der bekannten Züchterin Balaban in Florida. Restbestände aus dieser Zucht kamen in die Zuchtanlage von Dr. Erhart, der versucht, die blaue Mutation bei den Blauflügel-Sperlingspapageien zu festigen. Wie bei allen blauen Vögeln ist auch hier die Vererbung rezessiv.

1996 sahen wir in der Zuchtanlage von Nardelli in Rio de Janeiro Lutino-Blauflügel-Sperlingspapageien. Es waren Naturentnahmen. Nardelli hatte die Genehmigung der dortigen Naturschutzbehörde, diese Vögel zu besitzen

Blaugenick-Sperlingspapagei graugrün. Die Bezeichnung wird kontrovers diskutiert, da graugrüne Vögel eigentlich dominant vererben, bei diesem hier aber eine rezessive Vererbung vorliegt. Optisch gesehen trifft die Bezeichnung die Farbe des Vogels recht gut.

Zu den ersten und beliebtesten Mutationen bei den Blaugenick-Sperlingspapageien zählt der Blaue, hier ein Männchen.

und auch zu vermehren. Dazu muss man wissen, dass in Brasilien keine „einheimischen“ Vögel ohne Genehmigung gehalten und gezüchtet werden dürfen. Verpaart waren diese Lutinos mit wildfarbigen Vögeln. Nachzuchten gab es zum Zeitpunkt unseres Besuches noch nicht. Später wurde die umfangreiche Zuchtanlage jedoch völlig zerschlagen und aufgelöst. Einen Hinweis auf den Verbleib der Mutationsvögel bekamen wir leider nicht.

Eine weitere Mutation bei den Blauflügel-Sperlingen ist Zimt. Hier ist die Vererbung wie bei allen echten Zimtern geschlechtsgebunden. In der Literatur findet man Hinweise auf einen Isabell (Misty)-Blauflügel sowie auf Gelbe Schwarzaugen (Dark Eye Clear). Leider gibt es keine weiteren Angaben dazu.

Augenring-Sperlingspapagei

Auch der Augenring-Sperlingspapagei bildete im Laufe der Zeit Mutationen, die man aber noch an einer Hand aufzählen kann. So berichtet Pfeffer von seiner Erstzucht der Falben im Jahre 1982, im Jahr 1990 hat er nach eigenen Angeben Zimter gezogen und 1991 einen gelben (dilute) Augenring-Sperlingspapagei. In der ehemaligen CSSR soll es bereits davor gelbe Vögel gegeben haben.

Speziell bei den gelben Augenring-Sperlingspapageien sollte man die Mutationsbezeichnung ein wenig kritisch betrachten, denn es handelt sich dabei nicht um rein gelbe Vögel (gelbes Schwarzauge), sondern durchaus um Vögel mit deutlicher Zeichnung. Alle drei genannten Farbschläge vererben rezessiv. Als weitere Mutationen gibt es bei dieser Art noch Gescheckte in zwei verschiedenen Erbgängen, die rezessiv und die dominanten Schecken. In früheren Jahren soll es eine blaue Mutante gegeben haben, die als ausgestorben gilt. Zurzeit wird durch Transmutation versucht, diesen Farbschlag bei den Augenring-Sperlingspapageien wieder zu züchten.

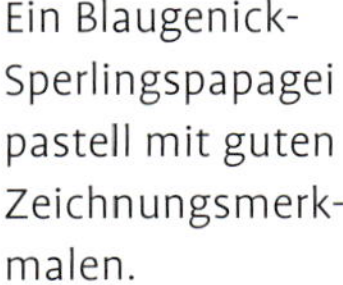
Ein Blaugenick-Sperlingspapagei pastell mit guten Zeichnungsmerkmalen.

Blaugenick-Sperlingspapagei

Der Blaugenick-Sperlingspapagei ist die Art innerhalb der *Forpus*-Gattung, die bisher die meisten Mutationen und Kombinationen hervorgebracht hat. Dabei gibt es nur eine geschlechtsgebunden vererbende Mutation, den Zimter und eine Scheckenmutation die dominant vererbt. Die Mutation Misty entstand durch Tansmutation und vererbt dominant intermediär. Alle anderen, bisher bekannten Mutationen vererben rezessiv. Dies gilt bei dieser Art auch für die Lutinos und Albinos.

Als erste Mutationsform bei den Blaugenick-Sperlingspapageien darf der Falbe (dun falbe) angesehen werden. Die ersten Falben fielen bei Wax 1981 aus einem wildfarbigen Paar, zunächst ein Weibchen und in der nächsten Brut war dann ein Männchen dabei. Beinahe zeitgleich trat der

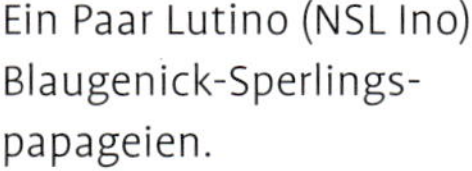
Ein Paar Lutino (NSL Ino) Blaugenick-Sperlingspapageien.

Der Albino (NSL Ino) Blaugenick-Sperlingspapagei. Dieses Bild zeigt sehr gut, das alle Gefiederteile weiß sind und jegliches, optische Geschlechtsmerkmal fehlt. Eine Unterscheidung von anderen möglicherweise einmal auftauchenden Albino-Sperlingspapageien wird dann wohl nicht mehr möglich sein.

sogenannte „Isabellvogel“ auf. Die heutige Bezeichnung für diese Mutation ist „Faded“.

Bereits Anfang der 1980er Jahre sollen blaue Vögel im natürlichen Verbreitungsgebiet aufgetreten sein. Nach Europa kam die blaue Mutation 1987, die ersten Meldungen beziehen sich auf Berichte aus Belgien. 1986 fanden sich erste Hinweise auf blau gescheckte Vögel. Die ersten Lutinos (NSL ino) gab es 1985 in Deutschland, Meldungen über diese Mutationsform kamen aber schon einige Zeit vorher aus Polen. 1995 wurden dann in den Niederlanden die ersten Albinos (NSL ino) gezüchtet. Hinweise auf weiße Vögel mit schwarzen Augen waren bereits 1991 aus Belgien gekommen. Seit einiger Zeit gibt es auch den pastellgelben (gesäumt), den US-gelben (Gelb) und den graugrünen (rezessiv Graugrün) Blaugenick-Sperlingspapagei.

Die Züchter dieser Vögel sind sehr experimentierfreudig und so werden gerade beim Blaugenick-Sperlingspapagei in absehbarer Zeit weitere Kombinationen entstehen. Es bleibt also spannend.

Service

Das umfangreiche Literaturverzeichnis soll dem interessierten Leser die Möglichkeit bieten, sich weiterführend und aus verschiedenen Quellen zu informieren, da keine Veröffentlichung umfassend alle Themen und deren Randgebiete darstellen und behandeln kann. Die Adressen der Vereine und Verbände mit ihren Interessengemeinschaften sowie die Kontaktdaten der reinen Arbeitsgemeinschaften für *Agapornis-/Forpus*-Arten geben Anfängern, Haltern und Züchtern einen Überblick, wie sie Kontakt zu Gleichgesinnten aufnehmen können.

Literatur

Abeele, van den, D. (2000): Agaporniden Esns van naderbij bekeken, Teil 1. Onze Vogels, 2000, 192–193.

Abeele, van den, D. (2000): Agaporniden Esns van naderbij bekeken, Teil 7, De agapornis nigrigenis. Onze Vogels, 2000, 472–473.

Abeele, van den, D. (2005): Agaporniden – Handboek en naslaggids.

Abeele, van den, D. (2005): Das Standard-Rosenköpfchen, Mythos in der Agapornidenwelt. AZ-Nachrichten 52, 294.

Abeele, van den, D. (2006): Die erste Mutation beim Grauköfchen. AZ-Nachrichten 53, 168.

Abeele, van den, D. (2006): Die Dilute-Mutation beim Rosenköpfchen. AZ-Nachrichten 53, 193

Abeele, van den, D. (2006): Ein Blaugenicksperlingspapagei in Zimt? AZ-Nachrichten 53, 230.

Albrecht, A. (1997): Meine Erfahrungen mit dem Tarantapapagei oder Bergpapagei. Gefiederte Welt 121, 150.

Amberger, F. (1999): Papageien und Probleme Madagaskars. Papageien 12, 210.

Arndt, T. (1991): Die Papageien des westlichen Tieflandes von Ekuador. Papageien 4, 21.

Arndt, T. (1995): Verpaaren von Rosenköpfchen. WP-Magazin 1, 22.

Arndt, T. (1999): Lexikon der Papageien. Arndt-Verlag 1990–1996, 1999.

Arndt, T. (2000): Taranta-Unzertrennliche in Äthiopien. WP-Magazin 6, 16.

Arndt, T. (2002): Gelbgesicht- und Blaugenick-Sperlingspapageien. Papageien 15, 386.

Baierl, W. (2007): Verwertung und Anwendung der B-Vitamine. AZ-Nachrichten 54, 203.

Bielfeld, H. (1981): Unzertrennliche – Agapornis. Müller-Verlag, Bomlitz.

Brandt, K. H. (2007): Pullariuszucht? – Doch möglich! AZ-Nachrichten 54, 108.

Brockmann, J. , Lantermann, W. (1981): Agaporniden. Verlag Eugen Ulmer, Stuttgart.

Brucker, R. (2005): Vogelparadies Uganda. Papageien 18, 62.

Bürkle, M. (2000): Vitamin-A-Mangel bei Papageien. WP-Magazin 6, 22.

Bürkle, M. (2004): Psittacose. Papageien 17, 272.

Busch, M. (2009): Taschenatlas Pflanzen für Heimtiere. Verlag Eugen Ulmer, Stuttgart.

Drebenstedt, J. (2004): Taranta-Unzertrennliche. Papageien 17, 302.

Dreyer, S. (2001): Pellets und Extrudate. Papageien 14, 272, 308.

Dühr, D. (1999): Notfallhilfe für Papageien und Sittiche. Arndt-Verlag, Bretten.

Dühr, D. (2000): Notfallhilfe für Sittiche und Papageien. WP-Magazin 6, 48.

Ehlenbröker, J. (1996): Brasilianische Raritäten. AZ-Nachrichten 43, 378–381.

Ehlenbröker, J. & R. (2001): Die Geschlechtsbestimmung bei Vögeln mittels PCR-Analyse. AZ-Nachrichten 48, 262.

Ehlenbröker, J. (2001): Die Geschlechtsbestimmung bei Vögeln mittels PCR-Analyse. Die Voliere 24, 266.

Ehlenbröker, J. (1998): Pale-heads – eine neue Mutation bei Rosenköpfchen. Kanarienfreund, 4.

Ehlenbröker, J. + R., Lietzow, E. (2001): Agaporniden – Unzertrennliche. Verlag Eugen Ulmer, Stuttgart.

Ehlenbröker, J. (2008): Der Gelbmasken-Sperlingspapagei. AZ-Nachrichten 55, 278.

Erhard (1991): Die erste Farbmutation bei Grauköpfchen. AZ-Nachrichten 38, 341.

Feuser, A. (1993): Erfahrungen mit Orangeköpfchen über 7 Jahre. AZ-Nachrichten 40, 252.

Flaxl, W. (2006): Das Pfirsichköpfchen. AZ-Nachrichten 53, 341.

Franke, E. (1998): Grüne Zwerge mit Brille (Augenring-Sperlingspap.). Kanarienfreund, 26.

Franke, E. (1999): Neumutation? Taranta-Bergpapagei in Falb. Kanarienfreund, 14.

Frenger, P. (1982): Gelungene Zucht von Gelbgesicht-Sperlingspapageien. AZ-Nachrichten 29, 55.

Frenger, P. (2007): Der Blaue Blauflügel-Sperlingspapagei. AZ-Nachrichten 54, 67.

Frenger, P. (2008): Die Dilute-Mutation beim Erdbeerköpfchen. AZ-Nachrichten 55, 385.

Frenger, P. (2008): Eine neue Mutation beim Pfirsichköpfchen (euwing). AZ-Nachrichten 55, 111.

Friebe (1983): Zucht von Gelbmasken-Sperlingspapageien. AZ-Nachrichten 30, 384.

Fux, M. (2007): Das Erdbeerköpfchen. Gefiederter Freund 2007, 3.

Gaiser G. , Ochs B. (1995): Die Agapornis-Arten und ihre Mutationen. Verlag Reutin-Gaiser, Meitingen.

Glatzel, H. (2000): Die neue Bundesartenschutzverordnung. Zusätzliche Anforderungen. AZ-Nachrichten 47, 698.

Große, S. (2006): Erlebnisse mit Grauköpfchen. VZE-Vogelwelt 51, 11.

Großmann, E. (1988): Zuchterfolg bei Grauköpfchen. VZE-Vogelwelt 33, 74.

Herrmann, K. (1994): Das Erdbeerköpfchen. Papageien 7, 198.

Hoppe, D. (1995): Wo Rosenköpfchen leben. WP-Magazin 1, 48.

Hoppe, D. (1995): Auf der Suche nach Unzertrennlichen in Kenia. WP-Magazin 1, 44.

Hoyo del, J., Elliot, A., Sargatal, J. (1997): Handbook Of The Birds Of The World, Volume 4. Lynx Edicions.

Hungenberg, O. (2007): Hirse. AZ-Nachrichten 54, 181.

Isert (1980): Das Orangeköpfchen. Die Voliere 3, 106.

Iwanowski, M. (2001): Namibia. Iwanowski's Reisebuchverlag, Dormagen.

Janneczek, M. (2003): Ist extrudiertes Futter als unterstützende Behandlung geeignet? WP-Magazin 9, 34.

Janssen, E. (2008): Ein Jahr Erfahrungen mit Orangeköpfchen. Papageien 21, 404.

Juniper, T., Parr, M. (1998): Parrots. Pica Press.

Kalbus, H. (2000): Futteranbau im Garten. WP-Magazin 6, 6.

Kappl, B. (2008): Einige Anmerkungen zur Haltung von Blaugenick-Sperlingspapageien. WP-Magazin 14, (1) 26, (2) 26.

Koch, S. (2007): Aus der Praxis: Unsere Naschbox für Agaporniden. AZ-Nachrichten 54, 26.

Kolb, (1998): Die Wirkung von Vitamin K. Papageien 11,165.

Kosta, V. (2004): PBFD – die Circovirusinfektion der Papageien. Papageien 17, 54.

Künne, H. J. (1998): Haltung von Pfirsichköpfchen. WP-Magazin 4, 46.

Künne, H. J. (2000): Die Ernährung der Papageien und Sittiche. Arndt-Verlag, Bretten.

Küpper, C. + T. (2001): Zambia. Iwanowski Reisebuchverlag.

Lambert, K. & H., (2006): Unterwegs in Äthiopien. Papageien 19, 346.

Lambert, K. & H. (2004): Auf Papageiensuche in Namibia. Papageien 17, 102.

Lambert, K. & H. (2008): Unterwegs in Afrika: Uganda. Papageien 21, 174.

Lantermann, W. (2000): 70 Jahre Forschungsarbeit am Pfirsichköpfchen. Papageien 13, 306.

Lantermann, W. (2001): Agaporniden. Oertel und Spörer, Reutlingen.

Lantermann, W. (2006): Beobachtung während der Sozialisierungsphase junger Rußköpfchen. Gefiederte Welt 130, 207.

Lantermann, W. (2000): Erfahrungen mit der Gruppenhaltung von Pfirsichköpfchen. Gefiederte Welt 124, 366.

Lantermann, W. (2008): Über die Schwierigkeiten beim Aufbau artenreiner und virusfreier Agaporniden-Stämme. Gefiederte Welt 132, (6) 8, (7) 14.

Laubscher, C. (2000): Pfirsichköpfchen. AZ-Nachrichten 47, 535.

Laubscher, C. (2005): Himmelspapagei ... Winzige Edelsteine der Pazifikküste Südamerikas. AZ-Nachrichten 52, 16.

Lemster, D. (2000): Haltung und Zucht von Erdbeerköpfchen. AZ-Nachrichten 47, 258.

Lemster, D. (2003): Das artenreine Erdbeerköpfchen. AZ-Nachrichten 50, 254.

Lemster, D. (2003): Die Haltung und Zucht des Gelbgesicht-Sperlingspapagei. AZ-Nachrichten 50, 288.

Lemster, D. (2005): Der Einsatz von Vitaminpräparaten als Emulsionslösung in der Zucht. AZ-Nachrichten 52, 124.

Lepperhoff, L. (2001): Unter Vasapapageien (u. Grauköpfchen). WP-Magazin 7, 20.

Lietzow, E. (1984): Das Rußköpfchen, ein dankbarer Pflegling. Gefiederte Welt 108, 242.

Lietzow, E. (1987): Geschlechtsbestimmung beim Rußköpfchen. Gefiederte Welt 111, 148.

Lietzow, E. (1989): Der Bergpapagei oder Tarantiner. Gefiederte Welt 113, 106.

Lietzow, E. (1989): Haltung und Zucht des Rußköpfchens. Die Voliere 12, 288.

Lietzow, E. (1993): Haltung und Zucht des Erdbeerköpfchens. Die Voliere 16, 58.

Lietzow, E. (1995): Haltung und Zucht des Orangeköpfchens. Papageien 8, 166.

Lietzow, E. (1996): Haltung und Zucht von Grauköpfchen. Papageien 9, 70.

Lietzow, E. (1997): Erfahrungen mit dem Taranta-Papagei. AZ-Nachrichten 44, 236.

Lietzow, E. (1997): Haltung und Zucht von Rußköpfchen. Papageien 10, 230.

Lietzow, E. (1998): Orangeköpfchen – Sorgenkinder der Gattung Agapornis. Die Voliere 21, 164.

Lietzow, E. (1998): Keimfutter für Sittiche und Papageien. AZ-Nachrichten 45, 497.

Lietzow, E. (1999): Agapornis: Status – Import – Nachzucht. AZ-Nachrichten 46, 517, 598, 729, 839.

Lietzow, E. (2000): Fütterungskonzept für Agaporniden. AZ-Nachrichten 47,350.

Lietzow, E. (2001): Das Schwarzköpfchen. Die Voliere 24, 68.

Lietzow, E. (2004): Das Rußköpfchen – eine stark bedrohte Agapornis-Art. VZE-Vogelwelt 49, 324.

Lietzow, E. (2005). Planung einer Kleinvoliere. Die Voliere 28, 41.

Lietzow, E. (2006): Der Tarantapapagei – Beobachtungen in Äthiopien. Die Voliere 29, 68.

Lietzow, E. (2006): Orangeköpfchen – Freileben, Haltung, Zucht. VZE-Vogelwelt 51, 168.

Lietzow, E. (2007): Ein Traum geht in Erfüllung: Tarantapapageinen in Äthiopien. AZ-Nachrichten 54, 12.

Lietzow, E. (2007): Rußköpfchen im Freiland und in der Voliere. AZ-Nachrichten 54, 401.

Lietzow, E. (2008): Namibia – Vom Erongo-Gebirge bis zum Waterberg. AZ-Nachrichten 55, 394.

Low, R. (2003): Wertvoller Löwenzahn. Papageien 16, 92.

Ludwig, W. (2001): Die endemische Vogelwelt des Äthiopischen Hochlandes. Gefiederte Welt 125, 243.

Mayer, H. (1993): Der Augenring-Sperlingspapagei. Die Voliere 16, 4.

Mayer, H. (2003): Kolumbianische Blauflügel-Sperlingspapageien. Die Voliere 26, 185.

Mayer, H. (2004): Kolumbianische Blauflügel-Sperlingspapageien. AZ-Nachrichten 51, 119.

Mettke-Hoffmann (1999): Ist UV bei der Vogelhaltung wichtig? Die Voliere 22, 176.

Nelles, G. (1998): Tanzania. Nelles Verlag, München.

Niemann, H. (2006): U wie Unzertrennliche – Die Agaporniden. WP-Magazin 12, 26.

Niemann, H. (1999): Evolution des Nestbauverhaltens bei Agaporniden. Papageien 12, 214.

Niemann, R. (2007): Einfuhrstopp für wild gefangene Vögel in die EU. WP-Magazin 13, 12.

Niemann, R. (2007): EU-Kommission beschließt Importstopp. Papageien 20, 78.

Ochs, B. (1997): Das Pfirsichköpfchen. Papageien 10, 358.

Peters, H. (2000): Haltung und Zucht des Erdbeerköpfchens. Papageien 13, 409.

Peters, H. (2002): Meine Erfahrungen in Haltung und Zucht von Taranta- oder Bergpapageien. Die Voliere 25, 179.

Pfeffer, F. (1990): Die Zucht des Santa-Cruz-Sperlingspapagei. Papageien 3, 45.

Pfeffer, F. (1992): Über Gelbgesicht-Blauflügel-Sperlingspapageien. Gefiederte Welt 116, 223.

Pfeffer, F. (2000): Die Haltung und Zucht des Gelbgesicht-Sperlingspapageis. Papageien 13, 156.

Pfeffer, F. (2001): Der Blassgelbe Blauflügel-Sperlingspapagei. Papageien 14, 156.

Pfeffer, F. (2004): Gelbgesichtige Blauflügel-Sperlingspapageien. AZ-Nachrichten 51, 74.

Pfeffer, F. (2004): Der Mexikanische Sperlingspapagei. Gefiederte Welt 128, 170.

Pfeffer, F. (2006): Augenring-Sperlingspapagei. AZ-Nachrichten 53, 350.

Pfeffer, F. (2008): Der Grünbürzel-Sperlingspapagei. Papageien 21, 44.

Podesta, B. A. (2000): Ein Beitrag zur Megabakteriose bei Agaporniden. Papageien 13, 16.

Prinz, H. (2003): Der Blauflügel-Sperlingspapagei. AZ-Nachrichten 50, 233.

Rahaus, M. (2005): PBFD und Polyomavirusinfektion der Papageien: Eine erste Analyse der Verbreitung. Papageien 18, 278.

Reinschmidt, M. (2005): Löwenzahn als Grünfutter. Papageien 18, 340.

Reinschmidt, M. (2000): Trennkost für Papageien und Sittiche. Papageien 13, 420.

Robiller, F. (1997): Papageien, Band 2. Verlag Eugen Ulmer, Stuttgart.

Robiller, F. (2007): Vogelheime, Volieren und Teiche. Verlag Eugen Ulmer, Stuttgart.

Sauer, G. (1997): Federverlustsyndrom, PBFD-Virus-Infektion. VZE-Vogelwelt 42, 283.

Sauer, G. (2008): Psittacine beak and feather disease (PBFD). Gefiederte Welt 132, (4) 22.

Sauer, G. (2008): Polyomavirusinfektion, „Französische Mauser". Gefiederte Welt 132, (8) 22.

Schiffmann, A. (2006): Einige Gedanken zur Fütterung von Agaporniden. Gefiederter Freund 2007, 26.

Scharf, S. (2007): Agaporniden als Virus(über) träger? Papageien 20, 235.

Schiffmann, A. (2007): Freilandbeobachtungen des Rosenköpfchens in Namibia. AZ-Nachrichten 54, 69.

Schiffmann, A. (2006): Rosenköpfchen in Namibia. Papageien 19, 30.

Schmidt, R. (2001): Anbau von Hirse und Sonnenblumen. Papageien 14, 237.

Schmidt, R. (2002): Haltung und Zucht des Rußköpfchens. Papageien 15, 230.

Schnabl, H. (1998): Vogelfutterpflanzen. Arndt-Verlag, Bretten.

Schneider, B. (1995): Das Orangeköpfchen. Die Voliere 18, 142.

Schneider, B. (2004): Grauköpfchen-Zucht – eine Herausforderung. Papageien 17, 191.

Schneider, B. (1999): Die Tarantiner – meine Lieblingsvögel. WP-Magazin 5,34.

Sinclair, I., Ryan, P. (2003): Birds of Africa south of the Sahara. Struik Publishers.

Spitzer, K, H. (1987): Sperlingspapageien. Verlag Eugen Ulmer, Stuttgart.

Seitre (1997): Grauköpfchen auf Madagaskar. WP-Magazin 3, 24.

Strunden, H. (1986): Die Namen der Papageien und Sittiche, Herkunft und Bedeutung. Müller-Verlag, Bomlitz.

Sycholt, A. (1999): Reiseführer Natur, Namibia. BLV Buchverlag, München.

Toyne (1993): Die Papageien im Podocarpus Nationalpark, Süd-Ekuador. Papageien 6, 220.

Vins, T. (2000): Was sind Vitaminoide? AZ-Nachrichten 47, 524.

Vins, T. (2003): Keimfutter in der Vogelhaltung. AZ-Nachrichten 50, 306.

Vins, T. (2004): Aminosäuren – Eiweiße – Proteine. Die Voliere 27, 22.

Vriends, M. M. (1999): The Parrotlet Handbook, New York.

Wagner, R. K. (2008): Rosenköpfchen im Südwesten Afrikas. Papageien 21, 24.

Wanker, R. (1999): Sozialverhalten und akustische Kommunikation. AZ-Nachrichten 46, 497.

Wanker, R. (2000): Sozialsystem und Kommunikation bei Augenring-Sperlingspapageien. AZ-Nachrichten 47, 712.

Warburton, L. (2002): PBFD bei frei lebenden Rußköpfchen in Sambia. Papageien 15, 166.

Westen, K. (1979): Zucht von Sclaters Sperlingspapageien? AZ-Nachrichten 26, 405.

Willim, K. (2007): Meine Erfahrungen mit Orangeköpfchen – Haltung und Zucht. AZ-Nachrichten 54, 141.

Wolf / Kamphues (1994): Futter- und Wasseraufnahme bei Agaporniden. Die Voliere 17, 324.

Würth, V. (2001): Das richtige Licht für Ihre Papageien. WP-Magazin 7, 6.

Würth, V. (1999): Ernährung von Agaporniden. WP-Magazin 5, 46.

Würth, V. (2001): Obst, Gemüse und exotische Früchte für Papageien und Sittiche. Arndt-Verlag, Bretten.

Wüst, R. (2008): Auf der Suche nach Zenkers Grünköpfchen. Papageien 21, 96.

Ziegenfuß, B. (2005): Blaugenick-Sperlingspapagei: Die Mutation Amerikanisch Gelb. AZ-Nachrichten 52, 190.

Ziegenfuß, B. (2001): Der Blaugenick-Sperlingspapagei und seine aufgehellten Mutationen. AZ-Nachrichten 48, 160.

Ziegenfuß, B. (1999): Violettfarbene Rosenköpfchen. AZ-Nachrichten 46, 127.

Ziemer, P. (2000): Für Vögel gefährliche Pflanzen. Papageien 13, 19.

Zürcher (1983): Neue Erkenntnisse über die Zucht von Orangeköpfchen. Die Voliere 6, 226.

Adressen

Vereine und Verbände

AZ, Vereinigung für Artenschutz, Vogelhaltung und Vogelzucht (AZ) e. V., Geschäftsstelle: Helmut Uebele, Postfach 1168, 71501 Backnang, Tel. (07191) 82439, E-Mail: Geschaeftsstelle@azvogelzucht.de, website: www.azvogelzucht.de. Organ: AZ-Vogelinfo, erscheint monatlich für Mitglieder und Abonnenten.

Deutscher Kanarien- und Vogelzüchter-Bunde. V. (DKB), Bundesgeschäftsführer: Dieter Wirges, Oberdorf 19, 64572 Büttelborn, Tel. (06152) 927851, E-Mail: dieter.wirges@dkb-online.de, website: www.dkb-online.de. Organ: Der Vogelfreund, erscheint monatlich für Mitglieder und Abonnenten.

Vereinigung für Zucht und Erhaltung einheimischer und fremdländischer Vögel e. V. (VZE), Leiterin Geschäftsstelle: Bärbel Graul, Bornaische Straße 210, 04279 Leipzig, Tel. (0341) 2153917, E-Mail: info@vze-online.net, website: www.vze-online.net. Organ: Vogelwelt, erscheint monatlich für Mitglieder.

Nederlandse Bond van Vogelliefhebbers (NBvV), Postbus 74, NL-4600 AB Bergen OP Zoom, (0031)0164-235007, E-Mail: info@nbvv.nl, website: www.nbvv.nl. Organ: Onze Vogels, erscheint monatlich für Mitglieder.

EXOTIS, Schweizerischer Verband für Zucht und Pflege exotischer Vögel, Verbandskassierer: Hugo Götti, Rebenstraße 52, CH-9320 Arbon,(0041)071-4460102, E-Mail:admin@exotis.ch, Obmann für Großsittiche und Papageien: Lars Lepperhoff. Organ: Gefiederter Freund, erscheint 8-mal im Jahr für Mitglieder.

Parkieten Societeit, Algemen bond van liefhebbers van Parkiet- en papegaaiachtingen, Penningmeester, ledenadministratie: H. Hendriks, Postbus 167, 7740 AD Coevorden, E-Mail: penningmeester@parkietensocieteit.nl. Organ: Parkieten Societeit, erscheint monatlich für Mitglieder.

Arbeitsgemeinschaften für Agaporniden und Sperlingspapageien.

Interessengemeinschaft Agapornis /Forpus der AZ-AGZ, IG-Sprecher: Hermann-Josef Büning, Donnerberg 11, 48619 Heek, Tel. (02568) 388035, E-Mail: Haermy@web.de

Interessengemeinschaft Agaporniden und Kleinpapageien der VZE, Vorsitzender: Klaus-Dieter Heerde, Clara-Zetkin-Str. 8, 16866 Kyritz, Tel.: (033971) 54129.

Belgische Vereniging Agaporniden (BVA) Secretaris & Reclamewerving: Kurt Verstappen, Meiweg 4, 9870 Zulte –Belgien-, (0032)056-617588, E-Mail: secretariaat@agaporniden-club.be, Organ AGAPORNIS, erscheint 6-mal im Jahr für Mitglieder.

Auswahl von Instituten und Laboratorien für Molekulare Diagnostik

(Geschlechtsbestimmung und Virologische Untersuchungen durch DNA-Analyse)

Deutschland

Poliklinik für Vögel und Reptilien
Universität Leipzig
An den Tierkliniken 17
04103 Leipzig
Tel.: (0341) 97384-05
Fax: (0341) 97384-09
E-Mail: kontakt@vogelklinik.uni-leipzig.de
Internet: www.kleintierklinik.uni-leipzig.de

Labordiagnostik GmbH
Deutscher Platz 5 b
04103 Leipzig
Tel.: (0341) 12454-0
Fax: (0341) 12454-60
E-Mail: info@lab-leipzig.de
Internet: www.lab-leipzig.de

Institut für molekulare Diagnostik Bielefeld
Drs. I. Poche-Blohm und F. Poche-deVos
Voltmannstraße 279 a, Postfach 102173
33613 Bielefeld
Tel.: (0521) 880666
Fax: (0521) 886808
E-Mail: Info@Geschlechtsbestimmung.de
Internet: www.geschlechtsbestimmung.de

Tauros-diagnostik
Universität Bielefeld
BioV, W7-227
Universitätsstraße 25
33615 Bielefeld
Tel.: (0521) 106-5484
Fax: (0521) 106-5654
E-Mail: info@tauros-diagnostik.de
Internet: www.tauros-diagnostik.de

Geflügelinstitut Universität Gießen
Fachbereich Veterinärmedizin
Frankfurter Straße 91-93
35392 Gießen
Tel.: (0641) 99384-31
Fax: (0641) 99384-39
E-Mail: vetgefl@vetmed.uni-giessen.de
Internet: www.vetmed.uni-giessen.de/vet-gefl/

PLUMA Deutschland
Molekularbiologische Analytik
Postfach 700359
70573 Stuttgart
Tel.: (0711) 99059-23, Fax: (0711) 99059-24
E-Mail: deutschland@pluma-dna.de
Internet: pluma-dna.de/index.de.html

GeVo Diagnostik
Postfach 1204
70773 Filderstadt
Tel.: (07158) 60660
Fax: (07158) 60560
E-Mail: GeVo-Diagnostik@t-online.de
Internet: www. Gevo-diagnostik.de/index.html

Tierärztliches Institut
Georg-August-Universität Göttingen
Abt. Molekularbiologie, Frau Dr. Ina Pfeiffer
Groner Landstraße 2
37073 Göttingen
Tel.: (0551) 39-3395
Fax: (0551) 39-3399
E-Mail: ipfeiff@gwdg.de
Internet: www.gwdg.de/~ipfeiff

Institut für klinische Prüfung
Ludwigsburg GmbH,
Veterinärmedizinisches Labor
Postfach 1110
71611 Ludwigsburg
Tel.: (07141) 96638
Fax: (07141) 966155
E-Mail: info@vetmedlabor.de
Internet: www.vetmedlabor.de

Medigenomix GmbH
Fraunhoferstraße
82152 Martinsried bei München
Tel.: (089) 899892-0
Fax: (089) 899892-90
E-Mail: info@medigenomix.de
Internet: www.medigenomix.de

LABOKLIN GmbH & Co. KG
Frau Dr. Elisabeth Müller
Prinzregentenstraße 3
97688 Bad Kissingen
Tel.: (0971) 72020
Fax: (0971) 68546
E-Mail: mueller@laboklin.de
Internet: www.laboklin.de

Österreich

LABOKLIN Linz
Frau Eva Kahnt
Postfach 253, 4021 Linz
Tel.: (0732) 717242
Fax: (0732) 717322
E-Mail: laboklin@linznet.at
Internet: www.laboklin.at

PLUMA Österreich
Lochauer Straße 2, 6912 Hörbranz
Tel.: (05573) 85403
Fax: (05573) 85403
E-Mail: oesterreich@pluma-dna.de

Schweiz

LABOKLIN Basel
Frau Germa Oldenburg-Ficht
Lehenmattstraße 320, 4052 Basel
Postfach CH – 4028 Basel
Tel.: (061) 37338-18
Fax: (061) 37338-16
E-Mail: laboklin@bluewin.ch
Internet: www.laboklin.ch

Dank

Danken möchten wir für die Tipps, Ratschläge und Hinweise der vielen Züchter, die uns bei der Vorbereitung dieses Buches damit unterstützt haben, auch dafür, dass wir ihre Vögel fotografieren durften. Besonders, aber auch stellvertretend für alle, die nicht genannt werden wollen, gilt dies für die Herren Hermann-Josef Büning, Wilfried Küpper, Peter Frenger, Friedrich-Wilhelm Greßhöner und Werner Schwentker.
Karl-Heinz Lambert möchten wir danken für eine Reihe von persönlichen Mitteilungen zum Freileben der Sperlingspapageien und dafür, dass er uns für dieses Buch einige seiner Freilandaufnahmen zur Verfügung gestellt hat. Nicht zuletzt gilt unser Dank unserer Lektorin beim Ulmer-Verlag, Frau Dr. Eva-Maria Götz für ihre Unterstützung und die gute Zusammenarbeit.

Bildquellen

Die Zeichnungen Seite 14, 26 und 30 fertigte Christiane Gottschlich, Berlin.
Helmuth Flubacher, Waiblingen, fertigte die Zeichnungen Seite 8, 15, 82, außerdem sämtliche Verbreitungskarten nach den Vorlagen von Eckhard Lietzow.
Umschlagfoto: Eckhard Lietzow

Fotos im Innenteil
Stephane Bocca: Seite 57, 59
Jörg Ehlenbröker: Seite 40, 52, 94, 110, 116 links, 116 rechts, 141 oben, 142 oben, 143 oben links, 148 oben
Renate Ehlenbröker: Seite 11
Karl-Heinz Lambert: Seite 45 links, 45 rechts, 90, 91, 97, 99, 103, 88+119, 120, 121, 126
Eckhard Lietzow: Seite 5, 6, 9, 16 links, 16 rechts,13 links, 18, 13 rechts, 22, 23, 24 oben, 24 unten, 25, 27, 29, 32, 36, 2+38, 39, 41, 47, 49, 12+50, 54, 56, 61, 2+62, 63, 64, 65, 67, 69, 71, 73, 74, 75, 34+76, 78, 79, 81, 83, 84, 86, 93 links, 93 rechts, 100, 101 links, 101 rechts, 104, 107 links, 107 rechts, 108, 113, 114, 123 links, 123 rechts, 124, 127, 131, 132, 137, 138 links, 138 rechts, 140, 144, 141 unten, 142 unten links, 142 unten rechts, 143 oben rechts, 143 unten, 145, 146 oben, 146 unten, 147, 148 unten, 149
René Wüst: Seite 150

Register

Haftungsausschluss

Die in diesem Buch enthaltenen Empfehlungen und Angaben sind vom Autor mit größter Sorgfalt zusammengestellt und geprüft worden. Eine Garantie für die Richtigkeit der Angaben kann aber nicht gegeben werden. Autor und Verlag übernehmen keinerlei Haftung für Schäden und Unfälle.

Impressum

Bibliografische Information der Deutschen Nationalbibliothek
Die Deutsche Nationalbibliothek verzeichnet diese Publikation in der Deutschen Nationalbibliografie; detaillierte bibliografische Daten sind im Internet über http://dnb.d-nb.de abrufbar.

Wollgrasweg 41, 70599 Stuttgart (Hohenheim)
E-Mail: info@ulmer.de
Internet: www.ulmer.de
Lektorat: Dr. Eva-Maria Götz
Herstellung: Ulla Stammel
Umschlagentwurf: redsign, Anette Vogt, Stuttgart
Satz: r&p digitale medien, Echterdingen
Repro: Medienfabrik, Stuttgart
Druck und Bindung: Firmengruppe APPL, aprinta druck, Wemding
Printed in Germany

ISBN 978-3-8001-5431-9